摩托车

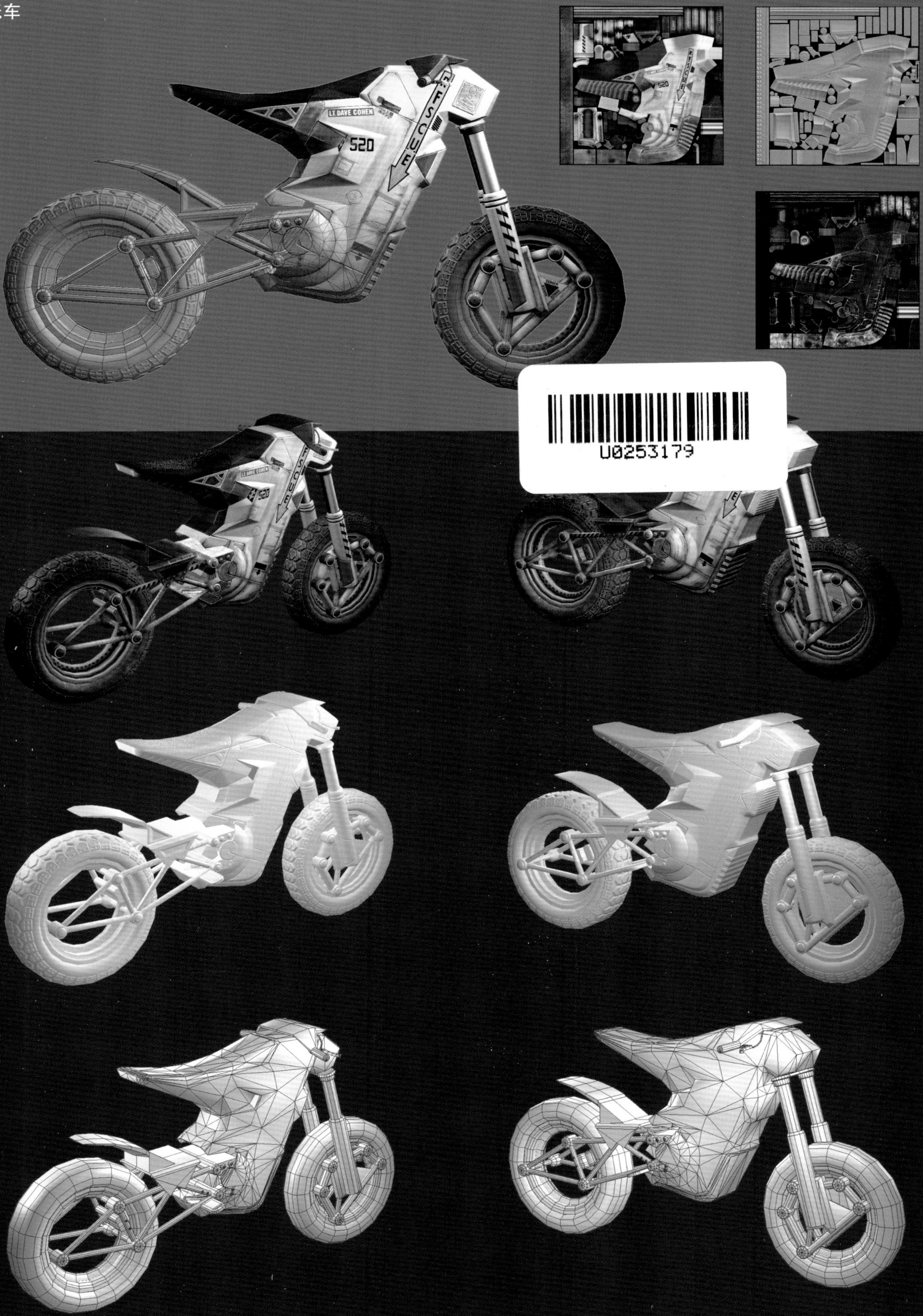

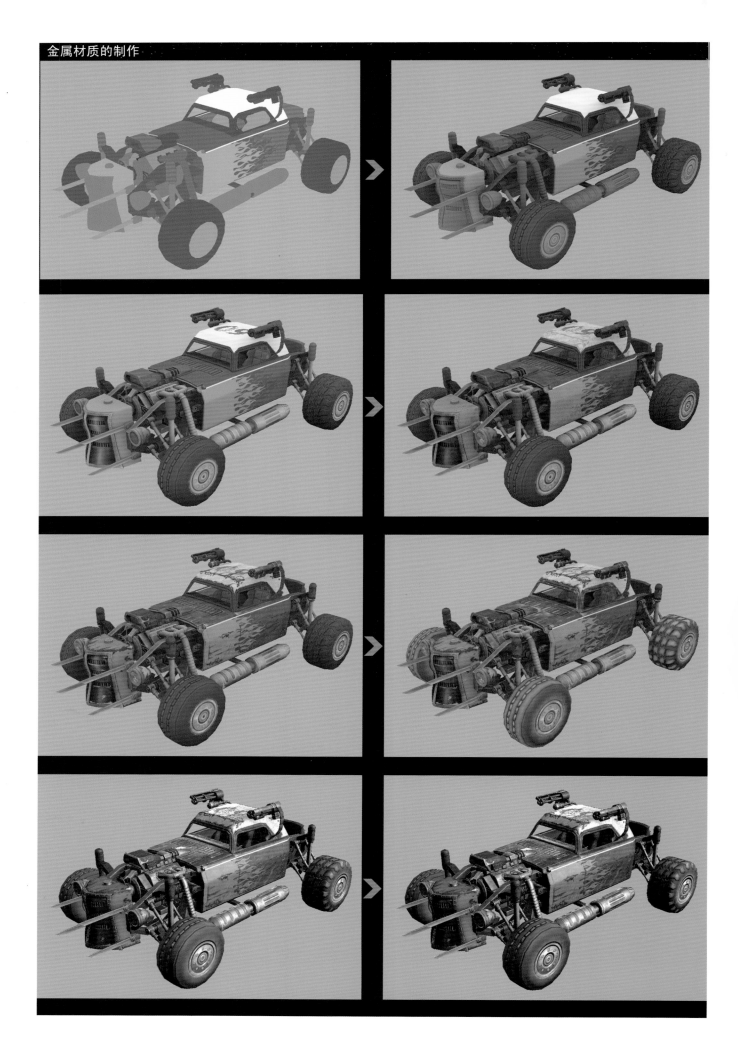

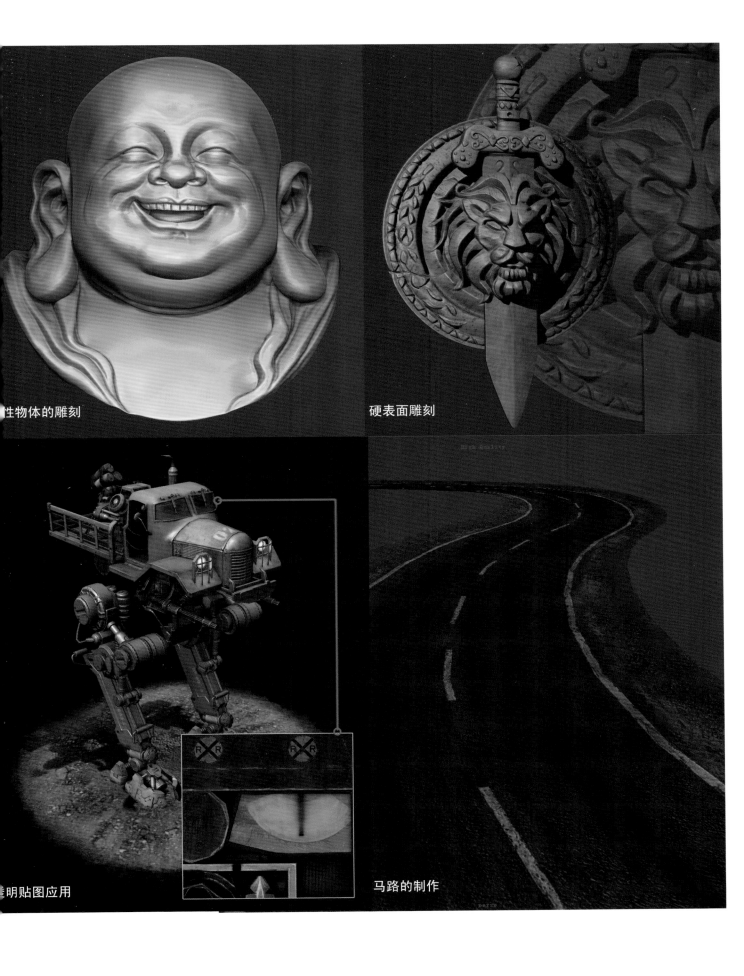

性物体的雕刻

硬表面雕刻

明贴图应用

马路的制作

橡胶材质的制作

水乡老宅

左轮手枪

透明贴图应用

布料雕刻

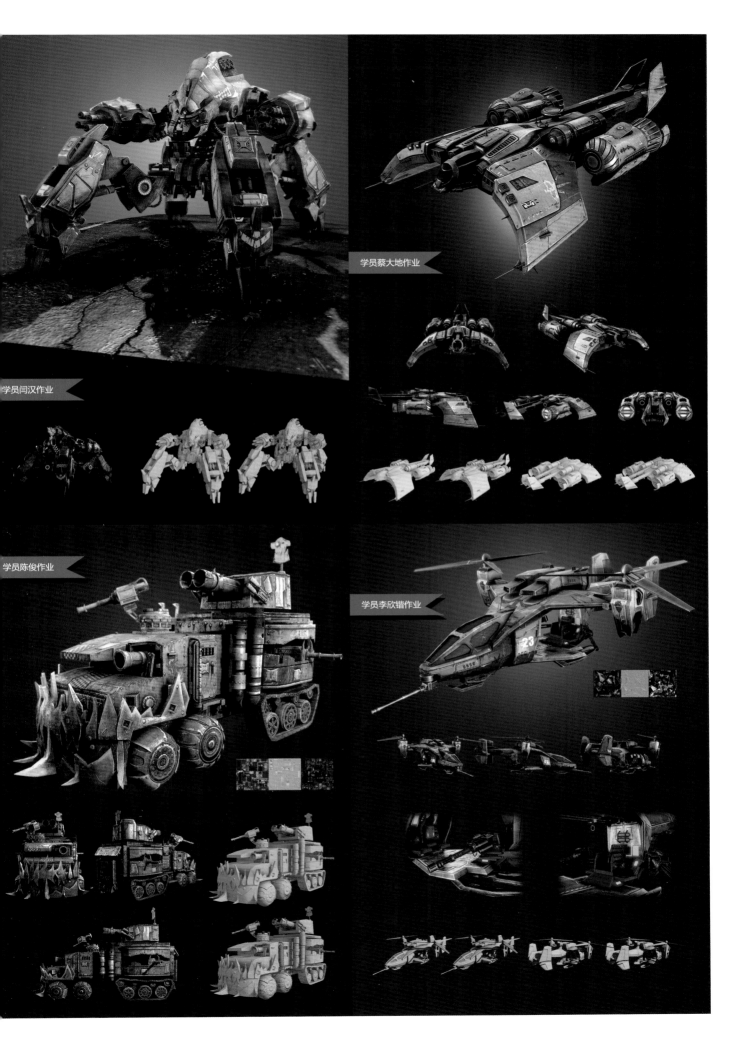

学员蔡大地作业

学员闫汉作业

学员陈俊作业

学员李欣锴作业

学员刘煜杰作业

学员习梅林作业

学员蒙琛成作业

学员谢翰宇作业

学员黄晓渊作业

学员张思博作业

学员高敏作业

学员郝翠丽作业

学员黄宝才作业

学员黄海军作业

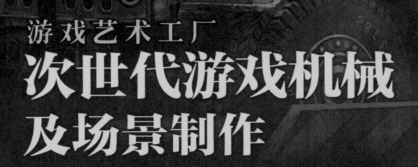

游戏艺术工厂
次世代游戏机械
及场景制作

游艺网
教育部
—编著—

清华大学出版社
北京

内 容 简 介

次世代游戏曾经是高端游戏的代名词，只出现在街机和高端电视游戏主机上，而随着游戏环境软硬件以及网络环境的高速发展，次世代游戏的范围已经大大拓宽，网游次世代、手游次世代等说法也开始浮现，可以说，在未来的游戏制作中，次世代游戏的开发制作必将成为主流。

在游戏制作中，场景制作的比重非常大，场景制作人员需要根据游戏策划案中的年代背景、社会背景、游戏主题等，在确认技术上可行的前提下，根据游戏风格安排具体的工作量，进而完成游戏场景的制作。游戏机械设计也是一个游戏的重要设计方向，游戏机械是体现游戏质感和档次的重要细节，每个设计团队都必须精雕细琢。

本书内容主要体现在场景与机械的制作上。本书共分为三部分共 14 章：第一部分为游戏场景，第二部分为游戏机械，第三部分为案例解析。本书中大量的案例来自真实游戏，通过解析其制作方法，让读者能够比较好地学习并理解次世代游戏中机械类与场景类模型的制作流程。

本书光盘提供了部分案例的素材与源文件以及本书部分案例的视频制作教程。

本书主要面向广大游戏、动漫爱好者，包括艺术类专业师生、社会培训师生、游戏创作爱好者、CG行业从业人员等。

图书在版编目(CIP)数据

次世代游戏机械及场景制作 / 游艺网教育部编著. -- 北京 ：清华大学出版社, 2015 (2024.1重印)
（游戏艺术工厂）
ISBN 978-7-302-40375-3

Ⅰ. ①次… Ⅱ. ①游… Ⅲ. ①三维动画软件－游戏程序－程序设计 Ⅳ. ①TP391.41

中国版本图书馆 CIP 数据核字(2015)第 123855 号

责任编辑：栾大成
装帧设计：杨玉芳
责任校对：胡伟民
责任印制：杨　艳
出版发行：清华大学出版社

网　　　址：https://www.tup.com.cn，https://www.wqxuetang.com
地　　　址：北京清华大学学研大厦 A 座　　邮　　编：100084
社 总 机：010-83470000　　　　　　　　邮　　购：010-62786544
投稿与读者服务：010-62776969, c-service@tup.tsinghua.edu.cn
质量反馈：010-62772015, zhiliang@tup.tsinghua.edu.cn

印 装 者：小森印刷（北京）有限公司
经　　销：全国新华书店
开　　本：210 mm×285 mm　　印　张：16.25　　插页：4　　字　数：780 千字
版　　次：2015 年 8 月第 1 版　　　　　　　印　次：2024 年 1 月第 9 次印刷
　　　　　（附光盘1张）
定　　价：69.00 元

产品编号：050385-01

编委会

学校名称	任 职	姓 名
中国美术学院	网络游戏系系主任	路海燕
中国杭州动漫游戏产学合作讲坛	组委会 秘书长	黄晓东
西安工程大学艺术工程学院	动漫教研副主任	李德兵
长沙理工大学	院长	王 健
广西艺术学院	院长	覃锦坤
武汉城市职业学院	创意学院副院长	方 芸
贵州大学	亚洲动漫教育协会教材编写委员	李汝斌
西安工程大学	动画系副教授	曾军梅
湖州职业技术学院信息学院	副院长	汤 向
江苏大学	动漫系主任	郑 洁
浙江商业职业技术学院	动画系专业教师	周剑平
西安文理学院	动画系副教授	李 翔
浙江商业职业技术学院	动漫专业副教授	姜含之
浙江艺术职业学院	动漫系专业教师	孙煜龙
天津美术学院	动画系主任	余春娜
西安文理学院	动漫专业带头人	刘勃宏
武昌职业学院	动漫学院院长	李菊香
浙江国际海运职业技术学院	动漫游戏专业负责人	程舟珊
湖州职业技术学院	动漫系主任	王 伟
金华职业技术学院	动漫系主任	修瑞云
宁波大红鹰学院	副院长	殷均平
浙江建设职业技术学院	动漫专业主任	赵莜斌
广州城建职业学院	动漫专业副主任	杨雄辉
韩山师范学院	动漫系主任	黄少伟
河北师范大学美术学院	动漫系主任	祁凤霞
浙江工业职业技术学院	动漫专业负责人	韩越详
河南城建学院	动漫系主任	吴孝丽
河北师范大学汇华学院	动漫专业副部长	刘文超
秦皇岛职业技术学院	动漫系主任	杨宏伟
大连职业技术学院	动漫系主任	谷 雨
辽宁林业职业技术学院	动漫专业副主任	吴 进
湖南文理学院	动漫系主任	陈国军
西南大学育才学院	动漫系主任	王 越
西安外国语大学	动漫系主任	李金明
黑龙江信息技术职业学院	动漫系主任	管弘强
四川工商职业技术学院	动漫系主任	倪泰乐
海南软件职业技术学院	影视动画教研室主任	张卫国
南京信息工程大学传媒与艺术学院	动漫系主任	梁 磊
广州工商职业技术学院	美术设计系副主任	郝孝华
杭州职业技术学院	动漫专业带头人	王启兵
南京视觉艺术职业学院	影视动画、游戏设计教研室主任	黄剑玲
广西职业技术学院	影视动画教研室主任	彭 湘
黄冈职业技术学院	动漫系主任	夏文秀
广西科技大学	动漫专业工程师	邓榕滨
浙江机电职业技术学院	动漫系专业教师	孙 迪
广州大学华软软件学院	游戏系教师	王传霞
大庆师范学院	动漫系评委讲师	李 博
海南软件职业技术学院	动漫系专业教师	戴敏宏
韩山师范学院	动漫系专业教师	刘会军
四川职业技术学院	动漫系专业教师	朱红燕
金陵科技学院	动漫系专业教师	张 巧
湖州师范学院	动漫系专业教师	艾 红
河北大学	动漫系专业教师	姜 妮
湖南涉外经济学院	动漫系专业教师	徐 英
湘潭大学	动漫系专业教师	姜 倩
辽宁师范大学	动漫系专业教师	许洺铭
大理学院	动漫系专业教师	刘 萍

赠 言

EA 中国区 总经理 ason Chein	GAME798 对游戏发展的贡献是不可忽视的！随着中国研发能力的提高，只有通过共享经验和见解，才能加强中国的研发力量并使之达到国际水平，我们全力支持游艺网继续为全球游戏行业输出优秀人才！
UBI 育碧 上海游戏制作人 董晓刚	诚挚祝愿游艺网越办越好，为世界游戏事业做出更大的贡献！
网易 大话西游项目 美术总监 唐自银	祝 GAME798 在今后的发展道路上大展宏图！成为专业游戏人士和游戏爱好者最强大的交流、合作、取经平台。
深圳光宇天成总经理 许振东	祝游艺网随着游戏产业的发展日益壮大，成为研发人员最好的自我增值和同行交流的平台。
深圳海之童科技有限公司 总经理 田显成	祝游艺网越办越好，成为游戏人最爱去的网上俱乐部！
火石软件 CEO 吴锡桑 (Fishman)	愿与游艺网共同为中国网游事业蓬勃发展贡献绵薄之力！
御风行副总经理 李斌华	祝游艺网成为游戏业的黑马牧场！
同风数码总经理 周炜	律回春晖渐，万象始更新。机遇与挑战同在，光荣与梦想共存！祝游艺网织出绚丽梦想，铸就行业辉煌！
北京中科亚创科技有限公司 总经理 钱春华	游艺网作为专业的行业交流平台，为中国游戏产业的发展作出了贡献。相信在以后的日子会成为越来越多的游戏爱好者的网上精神乐园，并将为更多的游戏研发人员提供指导和帮助！
中视网元 研发总监 孙春	希望大家在这里一如既往的充实快乐，同时也共同为游艺网添砖加瓦！谢谢游戏艺术工厂对游戏事业做出的贡献！
广州嘉目数码科技有限公司 总经理 李鹏坤	祝游艺网越办越好，成为中国游戏行业交流的最佳平台！
搜狐游戏部 美术总监 陈大威	愿 Game798 更上一层楼，成为中国本土乃至世界游戏研发领域最权威的交流平台。
苏州蜗牛项目主美 林凌	祝 GAME798 越来越好，越来越牛。很好很强大！成为游戏人才和爱好者的天堂。
上海花田创意文化传播有限公司总经理 王敏 (AhuA)	希望通过游艺网的优秀平台，把中国的游戏产业带向一个新的高峰，振兴民族本土游戏，把中国游戏引向全世界！共同加油！
上海奥盛杭州研发中心 总经理 沈荣	祝游艺网蓬勃发展，成为整个游戏行业从业人员交流、合作的最佳平台！
上海旗开软件总经理 袁江海	祝游艺网能快速发展，聚集人气，成为国内游戏研发乃至世界知名的交流站！
宁波龙安科技有限公司制作人 陈贤	祝游艺网蒸蒸日上，越办越好，成为研发人员的大本营。
上海半城文化传播有限公司 总经理 唐黎吉	祝你们今后更加强大，为中国游戏事业做出更多贡献！
上海唯晶科技信息有限公司 美术经理 秦卫明	祝 GAME798 越办越好，成为大家学习和交流的天堂！
原力 ORIGINAL FORCE 游戏美术经理 Andy Gao	Game798 的不少学员加入了原力，给原力带来了一股新鲜的力量。祝游戏艺术工厂越办越好，制造出更多、更优秀的行业精英！
德信互动 美术总监 王欣	游艺网继续加油啊！没你不行的！
联宇科技 制作人 李树强	游艺网一直以来都在为广大的从业人员提供着技术交流、成长和互动的专业平台，促进并陪伴着国内游戏行业走向成熟。在此祝愿游戏艺术工厂越办越好！

《游戏艺术工厂》出版说明

目前的游戏制作已经毫无争议地被称为艺术，国内的游戏艺术水准也已经今非昔比，但是游戏艺术相关教材的跟进仍然显得十分缓慢。究其原因，真正的高水平游戏制作人才很少有时间静下心来归纳整理，形成创意手册或者方法论，而市场上绝大部分游戏设计教材都是出自游戏教育行业相关人员之手，很少有来自一线的高水平从业者的高水平教材。加上国内良莠不齐的游戏培训市场，真正想得到提高的爱好者和从业人员大多数情况下都需要自己摸索前行。

游艺网作为国内领先的游戏艺术社区，专业注册用户超过 30 万，涵括了本领域的大部分从业者，很多网友都在游艺网进行学习和交流，很多网友都希望能有一套专业、权威的游戏艺术教学体系，少走弯路，尽快步入工作岗位。

一开始，我们在论坛提供一些教程和视频，广受欢迎，后来鉴于网友的热烈呼声，游艺网在 2008 年底创建了"游艺网实训中心（PX.GAME798.COM）"，先后为游戏行业业内一线公司培养了上千名高端游戏制作人员，并先后与 EA(Electronic Arts)、无极黑（Massive Black）以及锐核（Red Hot Cg）公司签署并进行人才共同培养。在合作期间，游艺网与这些国际知名公司经常进行技术和艺术的交流，保持教学的先进性，并积累了大量真正来自一线的需求，我们将所有这些资源整合起来，邀请业内精英编著了大家看到的这套书籍，本套书籍的很多关键技术都来源于国际一线企业，其中很多内容都是首次公开的。

此次编写的系列从入门到高级、从原画到 3D，全方位讲解了游戏开发中的方方面面，每本都安排了理论知识和完整的案例制作，用图文配合视频教学的方式，希望能让广大读者更轻松地了解并学习游戏的制作核心技术与艺术。

为了让读者更好地学习，游艺网专门开设了相关版面，读者可以在学习过程中将自己制作的作品或学习中的疑问发布在游艺网论坛（BBS.GAME798.COM），我们将会不定期安排业内专家以及游艺网实训中心的老师给予耐心辅导，衷心祝福大家能通过学习达成自己的理想和目标。

游艺网希望与您一同为中国游戏事业的发展贡献一份力量！

游艺网创始人：杨霆

注：游戏艺术工厂自 2010 年更名为游艺网，交流网址不变：www.game798.com

序　言

　　我作为一名非美术专业的毕业生，转行投入到游戏这个行业中来，靠得是对 CG 和游戏事业的热爱。当初懵懂的我痴迷于各种游戏的时候，我就在想，如果能自己做一款游戏该有多么好玩。爱好是最好的动力，我把读书时代的课余时间都投入到了钻研 CG 之中，最终，我把自己的理想变成了现实，成为了一名真正的游戏人。

　　回想自己的自学经历，坎坷不言而喻，弯路也是走过不少的。当时一直苦于没有系统翔实的教材——面对市场琳琅满目的图书资料，我曾经非常迷茫。国内的很多教材只讲软件功能，对整个制作流程介绍甚少，看完之后只是学会了皮毛，在实际工作中往往缺少实用性。要不就是跳跃太大，前后关联不强，缺少整个商业制作流程的解析，多个软件的协同使用的相关内容也比较少，让人无从下手。

　　而国外的优秀教学资源内容丰富，案例生动，好多都是实际游戏制作中的成熟解决方案，质量非常高，但苦于其对读者层次要求过高，又因为大多是全英文教学，学习起来非常吃力。当时就想如果有一套循序渐进、紧贴游戏行业、能把游戏制作整个流程的各个环节充分展开并能系统地把一些实用技能介绍给大家的好书就好了。

　　游艺网的这套教材正是这样一套能够给读者带来真真正正、实实在在的营养的好书。作者全是在游戏制作一线奋斗的业内专家，案例都是基于如今游戏行业最新、最成熟的技术和理念。技术上保证足够实用性的同时，也能立足实际，将最真实的游戏制作流程展示给大家，为大家了解掌握游戏美术制作提供了不可多得的好教材。

世界游戏 CG 精英类比赛"Dominance War"简称"DW"3D 组获得世界冠军。曾任职血鎏软件有限公司、网龙、腾讯及网易等公司参与过大量国内外优质游戏的开发，曾有过线游戏职业培训讲师经验。

焉博
（Game798 yanbo）

前　　言

在游戏制作中，场景制作的比重非常大，（比如赛车类游戏，除了汽车基本上都是场景设计的工作），场景制作人员需要根据游戏策划案中的年代背景、社会背景、游戏主题等，在确认技术上可行的前提下，根据游戏风格安排具体的工作量，进而完成游戏场景的制作。

而游戏机械设计也是一个游戏的重要设计方向，几乎所有游戏（尤其是次世代游戏和网络游戏）都必须涉及机械制作，游戏机械是体现游戏质感和档次的重要细节，每个设计团队都必须精雕细琢。

本书内容主要体现在场景与机械的制作上。本书中大量的案例来自真实游戏，通过解析其制作方法，让读者能够比较好地学习并理解次世代游戏中机械类与场景类模型的制作流程。

1．本书内容

本书共分为三部分共 14 章。

第一部分 游戏场景：第 1 章概述游戏场景制作人员需要掌握一些事项和游戏场景的重要性，第 2 章讲述植物在游戏中的做法，第 3 章讲解赛车游戏路面的制作方法，第 4 章讲解游戏中建筑材质的表现和贴图的重复利用。

第二部分 游戏机械：第 5 章讲解机械模型制作的一些规范，第 6 章讲解机械模型中金属材质的应用，第 7 章讲解汽车轮胎的质感表现，第 8 章讲解玻璃材质的应用，第 9 章讲解 ZBrush 软件的基础应用，第 10 章讲解雕刻硬体和软体材料的方法，第 11 章讲解布料的雕刻方式。

第三部分 案例解析：第 12 章至第 14 章均为完整的案例（配有视频），分别为左轮手枪的制作，摩托车的制作以及中国风格建筑的制作。

2．本书特色

本书的特色可以归结为如下 4 点：

从艺术出发结合技术——全书从艺术的角度作为出发点，并通过讲解技术的表现方式来实现最后的艺术效果。

理论教学与案例教学相结合——本书分为两部分，理论和案例相结合，让读者不单学会如何去创作动画，同时以案例让读者明晰正确的方法和步骤，以达到最佳的学习效果。

最新技术领域解读——本书对现在流行的游戏制作方法一一做了解读，并通过循序渐进的教学方式让用户了解到最新的技术，由此来制作精美的游戏效果。

互动交流学习——读者可以登录本书的官网（www.game798.com）到书籍相关板块将自己的学习作品和疑问以帖子形式发出来，书籍的作者和其他读者会参与讨论并帮助解答疑问。

3．参考引用声明

本书在编写过程中参考了国内外的相关技术文章、资料、图片，并引用、借鉴了其中的一些内容。由于部分内容来源于互联网，因此无法一一查明原创作者、无法准确一一列出出处，敬请谅解。如有内容引用了贵机构、贵公司或您个人的文章、技术资料或作品却没有注明出处，欢迎及时与出版社或作者本人联系，我们将会在相关媒体中予以说明、澄清或致歉，并会在下一版中予以更正及补充。

4．读者群

考虑到国内动漫和游戏产业的现状和实际需求，本书走广博型路线，仅在某些重点内容上有限深入。

本书主要面向广大游戏、动漫学习爱好者，包括艺术类专业大学生、游戏创作爱好者、CG 行业从业人员等。特别是针对想进入动漫游戏行业工作的人群。

系列作者

路海燕
（Game798 haiyan）

中国美术学院网络游戏系系主任，北京美术家协会理事；文化部游戏内容审查委员会委员，中国软件行业协会游戏软件分会人才培训委员会副主任。1982年毕业于中国美术学院国画系，先后就职于文化部少年儿童文化艺术司艺术处、文化部文化市场管理局美术处、文化部文化市场发展中心。

杨霆
（Game798 admin）

游艺网创始人，10年以上游戏开发及项目管理经验。创办国内最大的游戏制作者交流社区（GAME798.COM），曾任职于卓越数码、北京华义、搜狐游戏、摩力游、五花马等游戏公司，编写出版了《游戏艺术工厂》系列丛书。

焉博
（Game798 yanbo）

曾获世界游戏CG大赛（Dominance War，简称DW）3D组世界冠军。曾任职于血鏊软件有限公司、网龙、腾讯及网易等公司，参与过大量国内外经典游戏的开发，同时具有游戏职业培训讲师背景。

吴军
（Game798 潇溪子）

2000年入行至今，从业经验丰富，入行前为专业传统美术绘画教师，曾任职于卓越数码（美术主管）、科诗特（主美）、光通通讯（美术主管）、久游网（美术总监）、万兴软件（美术总监），参与并管理《新西游记》、《武林》、《不灭传说》、《水浒Q传》、《猛将》、《梦逍遥》等游戏项目。

张斌安
（Game798 - 朕 -）

多年从业经验，曾任职于五洲数码、Dragon dream等公司，参与过《美国上尉》、《马达加斯加》、《功夫熊猫2》、《鬼屋》等游戏项目。

封捷
（Game798 风之力）

多年从业经验，曾任职于乐升软件、EPIC（英佩）等公司。曾参与制作《怪物史莱克》、《007量子危机》、《使命召唤4现代战争》、《使命召唤5世界战争》、《变形金刚2》、《神秘海域》等游戏，曾担任《使命召唤5》项目组长。

朱升
（Game798 升升）

多年从业经验，曾就职于盛大、蜗牛、久游等游戏开发公司，参与过的项目包括《航海世纪》、《机甲世纪》、《吉堂社区》、《GT劲舞团2》、《峥嵘天下》、《功夫小子》等。

苏晓益
（Game798 木头豆腐脑）

资深三维角色设计师，曾就职于日本东星软件、五花马网络、电魂网络等游戏开发公司。曾参与制作开发的游戏有《荣誉勋章》、《LAIR》、《怪物农场》、《闪电十一人》、《众神与英雄》、《界王》、《梦三国》等。

孙嘉谦
(Game798 me987652)

独立游戏制作人，前北美 IDA 数码高级外包师。美术作品多次获得 CGTALK 5 星推荐，受英国《3D WORLD》邀请多次发表技术文章。

独立游戏 Black Order 获得微软全球推荐、苹果 iOS 北美分类推荐，在 WP 平台荣登游戏收费榜 top 10。

车希刚
（Game798 Direction）

2006 年入行，现任韩国 Techple 游戏公司美术主管，负责游戏美术人员管理。

边绍庆
（Game798 雪狼）

前杭州网易美术经理、完美世界前特效部门经理、现任点染网络科技有限公司总经理，获得由美国 PMP 项目管理专业资格认证，参与《梦幻国度》、《疯狂巨星》、《迪斯尼滑板》、《梦幻诛仙》等项目开发，曾为北京完美世界培训过大量优秀人才。并多次与北京服装学院、北大软件工程学院、中国美术学院开展合作项目，均取得显著的成果。

王秀国
（Game798 大国）

多年从业经验，曾任职于乐升软件、Game Loft 等公司，参与过《指环王》、《钢铁侠》、《兄弟连》、《变形金刚》、《使命召唤 4》、《使命召唤 5》、《007 微量情愫》等游戏项目的制作。

金佳
（Game798 fedor）

多年从业经验，曾任职于尚锋科技、冰峰科技、上海三株数码等公司，任角色组长一职。曾参与《Heavy rain》、《EVE OL》、《神鬼寓言 3》、《变形金刚塞伯坦之战》、《猎魔人》等游戏项目的研发工作。

刘柱
（Game798 柱子）

多年从业经验，入行前为专业传统美术绘画教师，曾任职于天一动漫、Dragon dream、蓝港在线等公司，参与并管理《佣兵天下》、《契约 2》、《火力突击 T-Game》、《J-star》等游戏项目，曾担任 Dragon dream 项目经理。

孙亮
（Game798 SEVEN）

多年从业经验，曾就职于长颈鹿数码影视有限公司，冰瞳数码（任职 3D 美术主管），浙江冰峰科技（担任次世代游戏美术讲师），参与多款游戏外包项目、动画项目制作，曾参与《裂魂》、《光荣使命》、《生化奇兵》、《百战天虫》等项目的制作。

李晓东
（Game798 坏小孩）

多年从业经验，曾任职于第七感、原力动画、Dragon dream 等游戏开发公司，曾参与过《众神》、《J-star》等众多游戏项目的研发工作。

楼海杭
（Game798 海归线）

多年从业经验，曾任职于天晴数码、渡口软件、2K Game（中国）、杭州五花马等游戏开发公司，担任多家游戏公司特效主管职务。熟悉 XBOX 360、PS3、PSP、PC 等各种平台特效制作。曾参与《魔域》、《天机》、《幽灵骑士》、《赤壁》、《峥嵘天下》等游戏项目的研发工作。

关于游艺网

  游艺网实训中心（px.game798.com）成立于 2009 年，隶属于游艺网旗下。专业从事游戏艺术相关的教育工作，为业内游戏公司定向培养和输送专业游戏人才达 1000 余人。

  游艺网主要的定向合作企业有：美国 EA（Electronic Arts）公司、美国无极黑（Massive Black）公司以及美国锐核（Red Hot Cg）公司等。游艺网通过与国际一线公司的合作，不断提升自身的教学能力，以期培养更多符合企业要求的高端游戏人才。

  教师的水平是影响学习效果的关键，游艺网实训中心的教师有着多年从业经历，他们没有教授、讲师之类的头衔，却是业内知名企业的团队骨干。每位教师都具有丰富的工作经验，乐于分享、平易近人的处世态度，以及优秀的技术实力。他们能为学员带来新鲜实用的工作技能和技巧，教授学员如何进行团队合作，为学员未来的职业发展提供重要的讯息和技术参考。

  除此之外，我们认为一名优秀的教师不单要有卓越的技术、丰富的项目经验、化繁为简的能力，更要有激发学生学习热情的能力。我们对教师的筛选也严格遵循这个原则，一直以来只有不到 12% 的人选能够通过测试，最终成为游艺网教师团队中的一员。

  由于我们对学员入学和课程教学的严格把关，使得毕业学员能有更多的就业机会。自成立以来，我们一直主张以企业的实际需求来培养人才，因此三年来学院分别与 EA、Massive Black、Red Hot CG 等公司开设了定向班课程，和 Virtuos、Epic、UBI、金山、久游、完美等公司保持着紧密的人才供求合作关系。

截止到目前为止，已有 1000 多名实训中心学员任职于国内外各大游戏公司，其中包括 Massive Black、Red Hot CG、Virtuos、EPIC、EA、UBI、迪斯尼、完美时空、久游网、水晶石、金山软件、蓝港在线、腾讯、巨人等。

　　其中，作为游艺网实训中心的定向培养合作企业，著名的美资公司 Massive Black、Red Hot Cg 有一半以上的员工都是游艺网实训中心的学员。游艺网实训中心已毕业学员中就业大企业比率达到 80% 以上，学员整体就业率达到 95% 左右。

　　除此之外，游艺网实训中心的学员在校作品在每年一度的中国游戏人制作大赛（CGDA）中连续 4 届拿到了最佳游戏 3D 美术效果奖。

　　我们将为中国游戏原创力量的崛起而继续努力！

遊戲藝術而王啟

吳軍題

目　录

第一部分　游　戏　场　景

第二部分　游　戏　机　械

次世代游戏机械及场景制作

第三部分　案　例　分　析

第一部分 游戏场景

1.1　游戏场景的重要性 《《

《长发公主》概念设计

　　著名电影导演安东尼奥尼说："没有我的环境，便没有我的人物，"同样，场景制作也是一款游戏中极其重要的元素。在游戏这个虚拟世界里，一个制作细腻的游戏场景能表现出整体游戏的氛围，非常快速地将玩家带入到游戏剧情当中，强化代入感，让游戏玩家能感受到游戏策划者所传递的游戏内涵与文化，让玩家身临其境地感受到这款游戏的魅力，从这个意义上来讲，场景的重要程度甚至超过角色、特效、动作等元素。

以下为一些著名次世代游戏场景图欣赏，透过每一款游戏的场景都能看到一个鲜明的主题。

《战争机器》系列的故事背景发生在未来，人类被外星势力入侵以后到处是一片废墟，场景比较荒凉。

《战争机器》场景

《天剑》的故事背景发生在远古时代，类似于神话，它的场景设计以颜色丰富，建筑造型奇特为主要特点。

《天剑》场景

次世代游戏机械及场景制作

《生化危机》是我们比较熟悉的游戏，幽森、阴暗、恐怖是这款游戏场景上面想要表达给玩家的核心内容。

《生化危机》场景

《使命召唤》游戏背景发生在现代，所以场景以写实为主，我们通过场景能够看到世界各地的风土人情。

《使命召唤》场景

　　游戏风格在很多情况下是由策划来决定的，由美术来发挥，而设计场景风格时，必须参考两者的要求。一个优秀的场景设计师，必须对场景氛围有很好的把握。例如，唯美风格、写实风格、卡通风格等。这些需要场景设计师对场景风格的经验累积。

《使命召唤》 写实风格场景

《最终幻想》 奇幻风格场景

1.2.1　确定大小

场景的大小要根据实际需要决定，首先我们要得到其他策划需要的感觉，例如，如果需要很快就能从村子里出来进行战斗，两个城镇之间的距离就不能太远也不能太近，险恶的区域要离城镇远一些等。在一款原创游戏中，城镇的位置和大小完全交由场景设计师去决定。在游戏中，城镇之间的距离大概有多远是合适的，往往需要找些类似游戏跑一跑看，这时候，距离的单位是分钟，如，两镇之间的距离是 10 分钟左右。"一个城镇的大小是半径 2 分钟的单位"是感觉时间，是不准确的，但在策划之初，却足够了。得到这些数据后，参照总游戏时间，可以让玩家进行游戏的大致活动范围，以城镇等已经得到的数据为准，决定野外或者其他扩展区域的大小。

《幻想三国志》卡通场景

1.2.2　确定原则性因素

原则性因素是一个世界原则上需要的一些因素，如气候：这个世界需要什么气候，如果策划没有提到气候的需求，则由场景设计师自己决定游戏中是否需要沙漠、是否需要雪原等，这些都关系到游戏的扩展和玩家感觉。另外气候越丰富则游戏世界越具有真实性和代入感，但同时会带来美术资源的增加和策划设计上的复杂化。因气候带来的植被的变化、特效、怪物种类等的变化都是后期设计必须考虑的问题。另外气候也导致了不同气候地区之间的连接问题，包括程序上的一些解决方案，如雪原部分与草原的转变，雪原部分经常下雪，草原部分则不下雪只下雨，如何让玩家不突兀地接触这些是场景设计师的任务。再如地形变化：场景地形的设计也是需要遵照地理科学来设计，当然玄幻世界则可以逾越这些规则，但不可过多，如，水流往上流。为了避免这些问题，我们需要考虑世界地理的高低问题，东南西北中，谁高谁矮、哪里多山、哪里是平原。地形的设计需要设计者拥有很多基本功，例如，山脉、水流、山谷、平原、盆地的形成等都需要有个说法。当然很多情况下，我们是先给地形，再给说法的。另外，还有其他一些原则性因素都必须定下。

《使命召唤》雪地场景

1.3.1 游戏设定

就是说我们现在制作的这款游戏到底是怎么玩的？玩什么？比如《英雄无敌》，玩家的乐趣很大一部分来自于探索，那么在游戏里面就应该提供非常有趣味的地方，保证游戏的可玩性。

《英雄无敌》 场景

又比如《桃花源记》，作为一款恋爱养成类型的游戏，需要非常多的美丽奇幻的场景，给玩家营造谈情说爱的氛围。在场景设计上面，颜色尽量好看，色彩变化丰富，建筑造型偏可爱。

《桃花源记》 场景

1.3.2 世界背景

　　游戏世界背景泛指游戏世界中的历史、时代、物种、宗教、文化、地理等因素。游戏设计者只有在了解了世界背景的前提下，才知道构筑这个世界将需要什么元素，哪些能做哪些不能做。简单来讲，通过了解世界背景，我们可以确定游戏中的建筑有哪些风格。很多时候，游戏策划并不能提供非常详细的资料，他们更倾向于一边推进一边勾画，在这种情况下，场景设计要尽量地参与游戏项目中，与策划配合一同将游戏的世界背景确定下来，在确定了基本的世界观后，再进行世界构建。

《刺客信条》场景设计

1.3.3 风格类型

　　卡通风格还是写实风格？不同的画面风格，决定了在场景设计时采用的不同手法。这也是场景设计的基本功之一。通常来讲，游戏画面风格应该是由游戏策划来决定的，如果一款讲究杀怪、长经验的游戏采用卡通风格，感觉就会不太恰当。

1.3.4 游戏视角

　　全自由视角、固定视角、旋转与否，这些也是决定场景表现方式的关键。固定视角的话，我们只需要创建这个视角中的场景，那么如果是旋转视角，只需要创建在这个角度范围内的场景，当然如果是全自由视角，则需要创建的场景几乎就是 360 度的。

《战地》360度视角

《极品飞车》 固定视角

1.3.5　程序限制

　　出于引擎和资源代价方面的考虑，游戏场景的大小以及能采用的技术一定是有所局限的，模型的面数、特效的效果等。设计师只有在了解这些限制后，才能扬长避短，在引擎规定的范围内做出最出色的效果。

1.3.6　角色比例

　　一个角色在游戏屏幕中显示的大小，决定了同样视野当中玩家所能看到的内容。有时候人与建筑的比例一开始就被限制住，但更多时候则需要通过反复进行测试进而制定，设计师最好是能配合策划共同协定出角色、场景建筑的比例。

角色比例

1.3.7　是否穿透

人与人是否可以自由穿行，又或者会互相成为障碍，这个因素对游戏场景设计有着很大的影响，包括道路、出口的设计等，方方面面都要考虑进去。比如在一款无法穿透的游戏中，我们要避免出现在繁华路段上，玩家寸步难行的局面，路段如果太窄了，主角和 NPC 之间的行动就会被掐住。

1.3.8　移动速度

角色的移动速度决定了游戏场景制作当中游戏地图中的补给点、切屏点等地点的分布。我们设想一下，如果玩家从一个存储点到另一个存储点要花费非常多的时间，那么在设计的时候就需要考虑一下是否要增加存储点，如果存储点于存储点之间的距离拉得太开，就会造成玩家的疲劳，增加游戏的难度。那么移动速度在进行游戏场景大小的构建时也是设计师需要考虑进去的因素。

1.3.9　特殊移动

游戏当中是否有骑乘、是否可以飞行或者跳跃，这些因素也会很大程度地影响游戏地图的设计。比如有骑马的游戏中，道路就至少要让马能正常地行走，不至于马无法通过，同时，马也会带来很多复杂的问题，比如有时骑马，一转身就会发现悬空的现象。跳跃也是一样，我们在设计的时候就要考虑如何突出或者利用这样的能力，例如一些优美的风景，必须是飞行或者跳跃后才能够看得到。同时，这些特殊的移动方式在一般的情况下，要比游戏正常移动方式的速度来得更快。

飞行

1.3.10　容纳人数

容纳人数就是指在同一时刻内整个游戏世界中存在的活动玩家的数量，这一般和游戏服务器可承受的人数上限有关系，假设一个服务器同时最高在线人数是 5000，那么我们就需要构建足够让这五千个玩家同时活动的舞台，在玩家感觉到繁华人气的同时，也不至于让他们觉得过于拥挤、缓慢。

多人作战

1.3.11　作业人数

通常这个指标是用在一些功能性的地方，比如集市，计划同时买装备的人数上限为多少，那么我们在设计的时候就需要保证好集市的空间以及合理的布局，以便其他玩家在买装备的时候不至于晕头转向、找不着北。

综上所述，场景设计既有高度的创作性，又有很强的艺术性，同时需要考虑到多种因素。游戏场景不仅是绘景，更不同于环境设计，它要根据角色外形、根据特定的时间线展开规划。剧情会按照场景来展开，场景设计不但影响着角色与剧情，而且还影响玩家玩游戏的心情。场景给玩家带来的感受是游戏中多种元素综合产生的，它让玩家随着剧情的开展而慌张、欣喜、兴奋，在游戏过程当中，玩家最直接感受到的还是场景设计所传达出来的复杂心情。游戏场景制作的好坏，有时比角色更加重要。场景反映了游戏的主题思想和内容，能让玩家有更加深刻的代入感，烘托气氛，点明主题。

植物作为次世代游戏场景中的一个元素，是不可或缺的，在游戏中我们经常可以看到的植物大多是草、树，还有些游戏中会出现花、爬墙虎等植物种类。

植物在游戏中起到很重要的作用，植物是生命力的象征，能给场景一个很好的衬托作用，比如战争交火的地方，因为长时间的炮火连天，植物会相对的枯萎、干黄，而深山丛林的植物没有太多的被破坏，相对茂密、青绿，更有生机。次世代游戏是还原现实生活场景的游戏，让你能够体验没有过的感受，但它对整个游戏资源占用是庞大的，如果要制作一个丛林的场景，那么植物的游戏资源的占用是非常惊人的，植物相对人物场景等其他物件又是次要的，怎么能得到一个好的解决方法？在游戏中通常采用非常低的模型来制作，确切的说是用面片（Plane），通过透明贴图的技术手段来完成，这样更节省资源。

随着电脑硬件的不断更新，游戏的画面质量也在不断提高，同时游戏客户端也逐渐变大，从最初的 MB 增加到 GB 的计算单位。如果一个游戏达到几十吉字节（GB）的时候，可想而知游戏画面会是怎样的华丽、写实了。这里推荐游戏《阿凡达》，在这个游戏中植物的制作是相当复杂的。

接下来我们来看看透明贴图的应用。

2.1　透明贴图的应用 《

先来了解一下透明贴图，所谓的透明贴图并不是真正意义上的透明，而是图像不需要显示的部分显示出的颜色是当前背景色，也就是说把图像不需要显示的颜色当成背景色，显示的部分作为前景色。

要实现这种透明有两种方法：一种是让贴图背景色成为白色，然后与游戏背景色进行"与"运算；还有一种是让背景色成为黑色，然后与游戏背景色进行"或"运算。这样图像的背景色就消失了。

了解了透明的概念，就可以避开透明贴图的一些缺点，如果图像的前景色也存在许多白色，则将背景色变成黑色，与游戏背景色进行"或"运算的方法，这样前景的白色部分才不会被误当成背景色透明显示；反过来，如果位图前景色存在大量黑色部分，则采用将背景色变成白色，与游戏背景色进行"与"运算。当然，如果前景色同时存在大量白色和黑色时，则透明贴图会遇到麻烦，需要想办法将位图的白色或黑色部分做一些修改后再进行透明贴图。

首先我们来看两张图：

通过左上图我们能清晰地看到两个物件的效果清晰度旗鼓相当，但是看右上图，两个物体的面数差异却很大，Plane01 的三角面数为 2，Plane02 的三角面数为 43。

这里要提一下模型面数的计算问题，游戏引擎一般采用的是三角面计算方法，所以，你做的物件在游戏引擎里呈现的是三角面，即使制作的时候是四边形，导入引擎之后，引擎计算的方法也会按照三角面的计算方法。有条件的话，可以自己从一些引擎中导出模型到 3ds Max 或者 Maya 等软件里观看，你会发现都是三角面。所以这里要说明的是游戏公司在给物件写面数制作要求的时候，大都是三角面。比如一把椅子 500 面，很多同学可能认为是 500 个四边面，这是错误的，如果物件制作说明中没有提出制作的是四边面的特殊要求，我们都应该按照三角面来计算制作模型的面数。

如果一个场景（比如阿凡达游戏中的潘多拉星球）有上千种植物，每个植物分布又都相当密集，我们采用上图 Plane02 的制作方法来完成整个场景的植物，可想而知，即使我们做得出来，但是游戏引擎未必能承受的了如此庞大的计算量，所以就有了简化模型又不损失贴图细节的方法——透明贴图的应用。

前面已经对透明贴图的概念做了简单的解释，下面我们来看看透明通道。下图中，A 是 Diffuse 贴图，B 是 Alpha 通道，简单来讲，只要在 Alpha 通道中用白色填充我们希望保留的图像，不需要保留的图像填充为黑色即可。

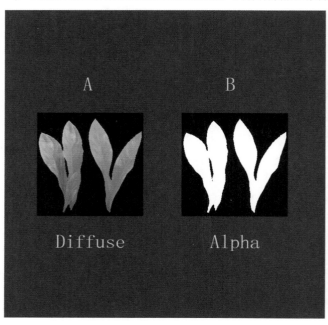
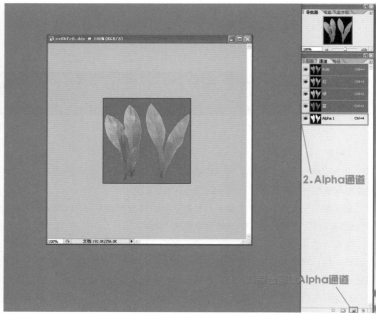

使用透明贴图的优劣：

- 优点：资源消耗低，贴图质量高。
- 缺点：仔细观察模型，会发现模型立体感不强。

通过 Alpha 透明贴图的应用，我们可以得到简化模型的最好效果，适用于游戏场景中的较小物件、较远物件重复物件。

2.2 Normal map 的制作 《

简单来说，Normal map 就是法线贴图，大多用在 CG 动画的渲染以及游戏画面的制作上，将具有高细节的模型通过映射烘焙出法线贴图，贴在低端模型的法线贴图通道上，使之拥有法线贴图的渲染效果。可以大大降低渲染时需要的面数和计算内容，从而达到优化动画渲染和游戏渲染的效果。

法线贴图是可以应用到 3D 表面的特殊纹理，不同于以往的纹理只可以用于 2D 表面。作为凹凸纹理的扩展，包括了每个像素的高度值，内含许多细节的表面信息，能够在平面物体上，创建出立体外形。可以把法线贴图想像成与原表面垂直的点，所有这些点组成另一个不同的表面。对于视觉效果而言，它的效率比原有的表面更高，若在特定位置上应用光源，则可以生成精确的光照方向和反射。

2.2.1 两种方法（3ds Max 和 ZBrush）

次世代游戏给人印象最深的无疑是 Normal map 了，在制作植物的时候，我们当然要重视对植物 Normal map 的制作，制作方法和前面例子没有太大的区别，这里也将举个简单的例子。

我们来烘焙一张错乱排列的 Normal，测试烘焙出来的层次效果是否出色，右图中 A 是从 ZBrush 中导出来的三个简单的物体，错乱的叠在一起，A 为高模，模拟植物的错乱排序，B 是低模，并制作透明贴图 Aphla。

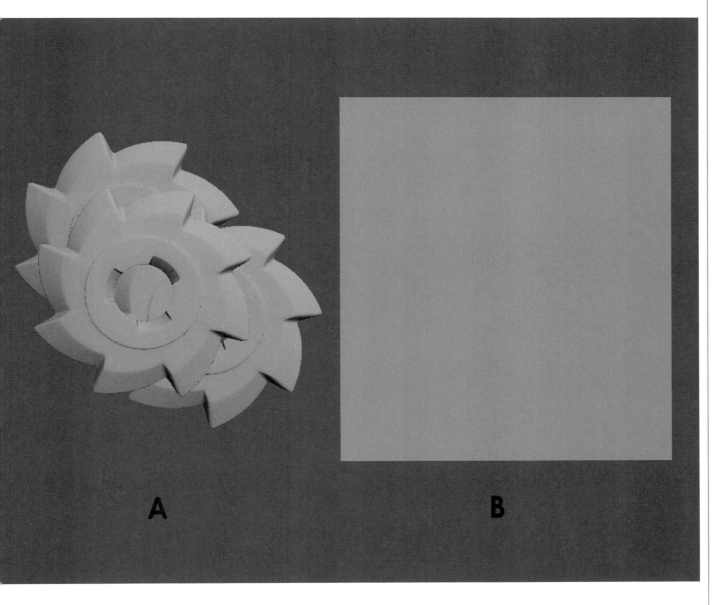

这里我们采用两种制作方法进行对比。针对实体模型，如果不做高模的模型，贴图可以用 Photoshop 的转法线插件生成 Normal，或者用 Crazy Bump .XNormal 等软件生成。

第一种方法，3ds Max 中烘焙

01 选择低模 B，执行 Randering → Rander to texture 命令。

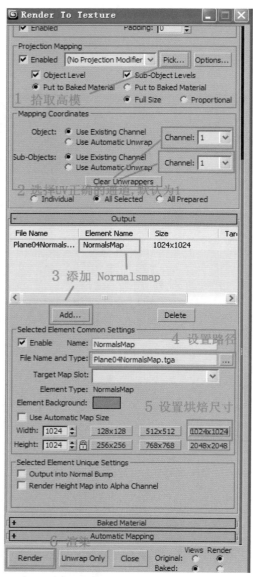

02 下图是烘焙的 Normal map。

第二种方法，ZBrush 材质生成

01 打开 ZBrush，导入制作的高模。

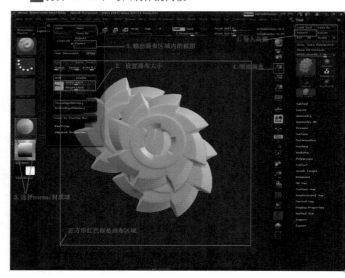

02 Export 输出画布中物体的 Normal map，格式为 PSD 或者 TGA 等格式，得到如下这张 Normal map。

下面我们来对比一下

从对比中我们明显看出两张 Normal 的颜色深度是有很大差别的，为了更明了一些，我们把 Normal 赋予模型
用魔术棒工具选择边缘部分填充黑色，反选填充白色，得到 Aphla 贴图，再赋予模型。

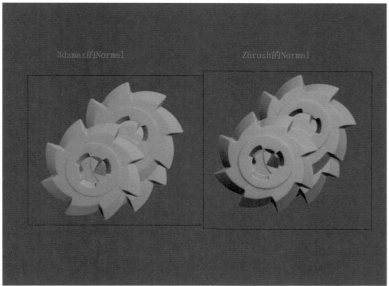

从上图中我们也能看出两张 Normal 的不同，3dsMax 的 Normal 相对于 ZBrush 的 Normal 的立体感相对来说弱一些，从两张 Normal 的颜色
上区别，ZBrush 的 Normal 也更深一些。

两种不同的方法各有缺点，可以自己取舍。

2.2.2　透明贴图与法线贴图的结合

总的来说透明贴图和 Normalmap 的结合能产生很好的视觉效果，在不减少贴图分辨率的前提下能减少模型的面数，从而减少游戏的占有率，给
更重要的角色或者其他模型节省了空间。如果把一款游戏比作一个容器，重要的部分是无法削减资源的，能简化的只有不重要的物件，比如植物等，
透明贴图和 Normal 的结合就是在贴图质量不损失的前提下，得到最好效果的一种技术方法。

在游戏中，植物在场景中常用的穿插方式有单片和十字片两种，这里我们拿一种简单的草来当例子，再来看贴上贴图的面片。

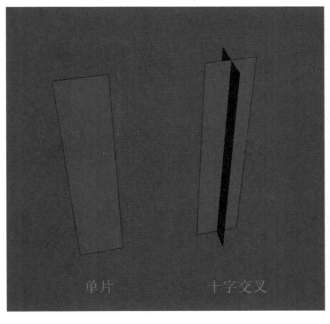
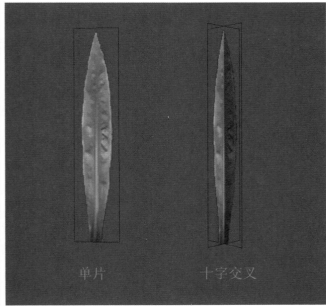

下图中，从这个角度看，草在地面上排列的错落有致，效果很不错，中间包含了单片的方式，还有十字交叉的排列方式。

在游戏中不单单只有远山上的花草树木，还有近景植物（如盆景、装饰植物等），这些植物在游戏中离角色很近，相对于在地面的花草来说，在制作精度上要精细一点，在面数上相对来说也要更多一些。我们继续看一个例子。

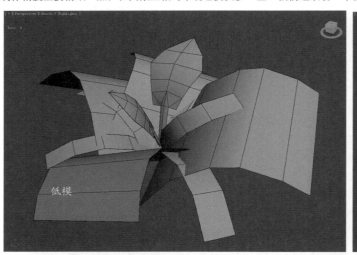
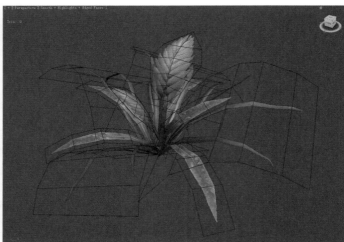

从这个例子中我们看到近景植物相对于地面的草，造型上有了更丰富的变化，因为近景植物大部分是要全景可视的，也就是可以360度观察到的。所以不能有什么空面、贴图悬空的错误。如果游戏引擎支持双面显示，那么模型只要做个面片就好了；如果游戏引擎不支持双面显示，那么模型要制作双面，制作方法只要复制出模型，然后翻转面的法线就可以了。

2.3.1　根茎类藤条植物

这里也是在游戏中经常出现的植物，首先看一下模型。

　　模型中藤条相对较少，所以制作的时候可以选择用实体模型来表现，或者是面片带 Alpha 通道，选择哪种方法，主要是看游戏发包客户给的规格，也就是每个模型需要制作的面数：面数多的情况下可以做实体模型，段数相对可以给的多一点，尽量做得圆滑；如果面数给的少（只有几十面），我们就只能采用面片带 Alpha 的制作方法来制作。

二方连续

　　还有另外一个问题：这么长的根茎藤条怎么画贴图呢？如果正常来分 UV 的话，UV 的占有率太低，像素低，贴图也很模糊，所以次世代游戏中一个小的计巧应运而生——那就是**二方连续**贴图的应用（或者四方连续）。

　　什么是二方连续呢？二方连续就是以一个单位的贴图有规律的排列并以向上下或左右两个方向无限连续循环所构成的带状图案。

　　首先来看我们的 UV 的排列方法。我们看到 UV 是拉直分布的，而且超出了 UV 的单元框，这种 UV 出界的现象在次世代游戏制作中经常会有，这么排列就是为了给它一个二方连续的贴图，这样既有了贴图的质量，又对 UV 利用得比较充分，唯一的缺点就是重复率太高，模型拉远会看到模型上的细节有规律的分布在上面，而我们制作贴图的时候，要多去考虑贴图画完之后呈现的效果，不能有太规律性，否则就太死了。解决方法就是利用另外的物件来打破它，比如给模型添加叶子，在 UV 重复的地方进行

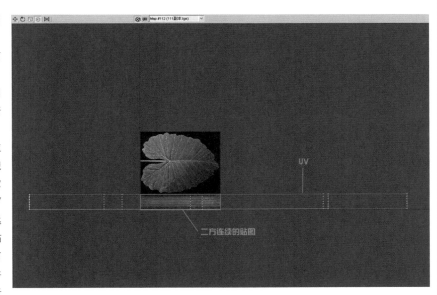

遮挡，减少贴图明显特征的重复性，这在游戏中是个很好的制作方法。

检查 UV 二方连续的连续性

　　Photoshop 给了我们很好的一个工具"位移"——下面来看下怎么操作。

01 选择 Diffuse 贴图，执行"滤镜"→"其他"→"位移"命令打开"位移"控制面板。

02 我们的贴图大小是 512，这里水平移动 256，这个数值可以随意调整，可以是正的负的。这个时候我们看到原本的贴图边界到了图的中心，这样很容易发现贴图连续部分的衔接问题，我们要做的就是把需要二方连续的贴图中间出现的接缝处理好，贴图就OK 了。处理中间的接缝最简单的方法就是采用 Photoshop 的印章工具修复。

通过上面几个例子的讲解，我们再来看一下游戏中的实际应用，下图图片来源于《神秘海域》游戏中的截图，地面的草地是采用单片和十字交叉混合带 Aphla 通道的制作方法完成的，墙上藤条上的叶子是用单面片的方法，或者是双面片，单面双面主要取决于游戏引擎对面的支持效果。支持双面的游戏引擎只要做单面片就可以了，不支持的话要做双面，以便观察背面时不镂空。墙壁的藤条植物是用实体模型做出来的，用到的面数应该也不算多，大概也就是六边形的圆柱调整形状得到的模型，藤条上的叶子可以采用图前面的制作方法来完成，树叶部分跟制作草的方法是相同的。希望读者可以通过上面几个简单的例子，对游戏植物的制作方法有所了解。

2.3.2　芭蕉叶

接下来我们来讲解植物材质的制作，以芭蕉叶为例，首先我们来看最终效果。

下面来看制作过程：

01 在 3dsMax 中用面片做出一片叶子的形状。

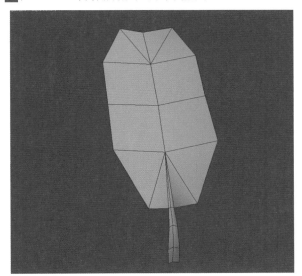

02 对制作好的叶子拆分 UV，考虑到芭蕉叶子比较长，我们拆分 UV 的尺寸为 1024×512。

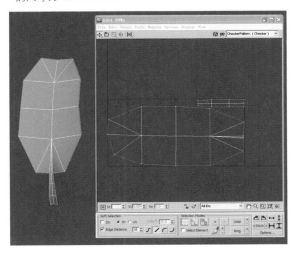

03 复制制作好的第一片叶子，旋转并调整点的形状，做出三片叶子的组合。

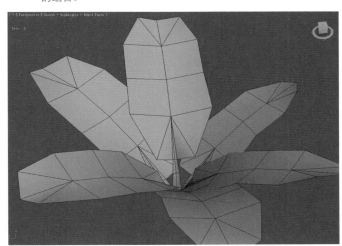

04 搜集一些清晰度较高的芭蕉叶的素材。

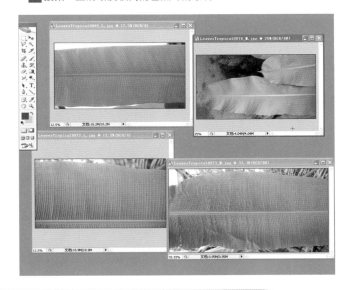

05 用画笔画出叶子的形状，可以直接用来制作 Aphla 通道。

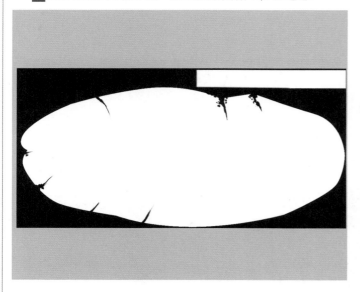

06 根据画好的通道和参考素材，拼出叶子的大纹理效果。

07 对芭蕉叶根茎连接的部分拼出大的效果，并画出颜色的变化，调整叶子的颜色变化。

08 给叶子加晒黄的边的细节。

09 对贴图的颜色变化等细节进行微调，得到最后效果。

10 制作高光，给颜色贴图去色，调整色阶增大对比度。

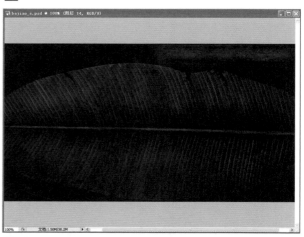

11 调整高光的时候要不断赋予模型观察高光效果，叶子在光照的情况下还是很亮的，但是不是金属的那种亮，因为芭蕉叶没有那么光滑，表层上有很多的绒毛，所以我们给高光添加一些杂色处理，模拟这个效果，杂色的对比度不要太强，在新的图层上加大芭蕉叶的结构立体感。

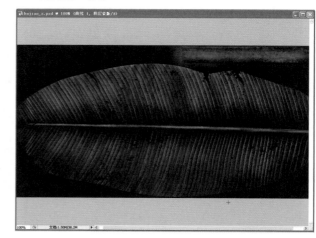

12 Normal 制作，我们用我们制作好的高光贴图，通过 CrazyBump 软件转换而成。

13 到这里芭蕉叶的贴图部分就制作完成了，看一下在 3dsMax 中的显示效果。

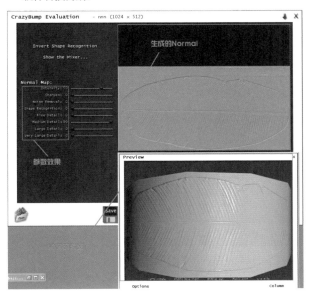

2.3.3　树桩

首先我们来看一下最终的效果和树桩的 Diffuse、Specular、Normal 贴图。

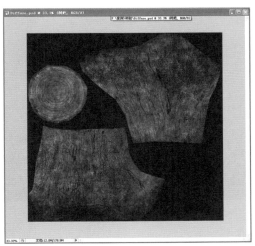

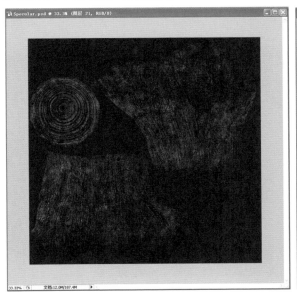

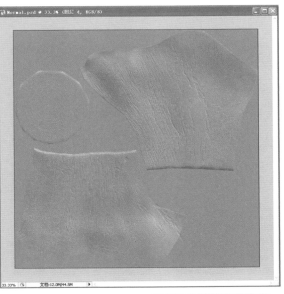

01 下面开始树桩的制作，模型相对来说比较简单，从简单的多边形圆柱，加线调整形状，注意参考素材。

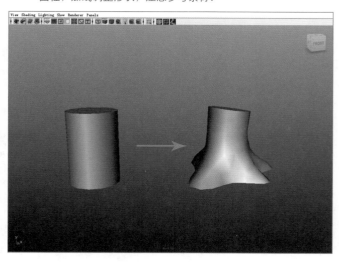

02 完成低模的线框图。

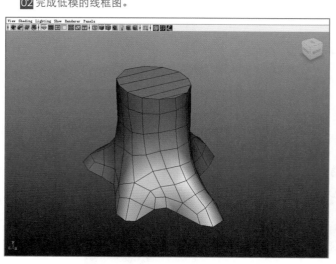

03 在低模的基础上，加保护线，给模型一个 Smooth 处理，制作出高模。

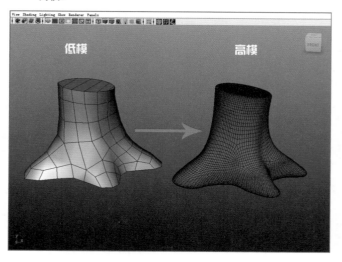

04 给树桩拆分 UV，接缝最好不宜过多，为了更好的利用空间，UV 的拆分注意三点：第一，UV 的空间利用；第二，UV 是否有拉伸；第三，UV 之间的像素间隔不宜过大或过窄。

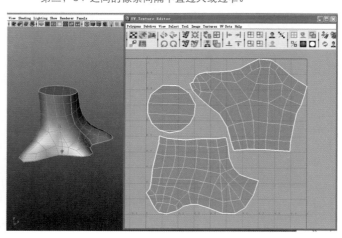

05 烘焙 Normal 的效果，现在的 Normal 只是一个大概的圆滑效果。

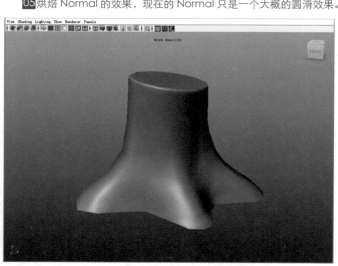

06 这样的效果是不行的，在后面我们还要把贴图的细节转换成 Normal，叠加在现在烘焙好的贴图上面，给模型增加更多的细节。首先找一张用来制作树桩的树皮贴图（贴图素材可以再自行搜索），贴图的精细度一定要清晰。用树皮贴图按照 UV 的分布，拼出树桩初级的贴图颜色纹理，树桩的年轮也用同样方法：找素材，拼接完成。

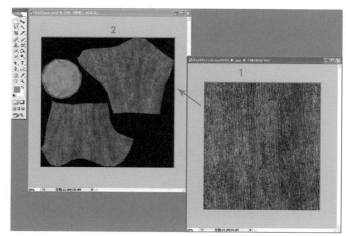

07 赋予模型，看一下效果。

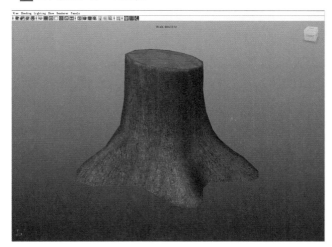

08 继续给贴图添加细节，添加裂痕，伤疤。添加的方法：首先找好素材，用套索工具选出伤疤的细节部分，复制到树皮合适的位置，用橡皮擦擦掉不需要的部分，然后调整一下对比度，让伤疤和树木结合地更贴切一些。

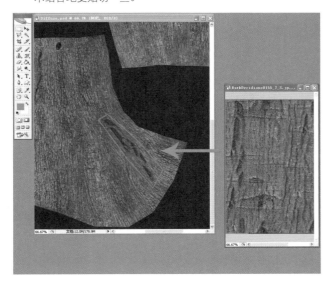

09 赋予模型，观看效果。

10 找更多的参考图，添加更多的贴图细节，树桩靠地面的部分相对来说会粘带些泥土脏垢，年轮的部分，也用相应素材叠加，强化下年轮的视觉强度，最终用这几张贴图叠加出树桩的脏垢、污渍等细节。

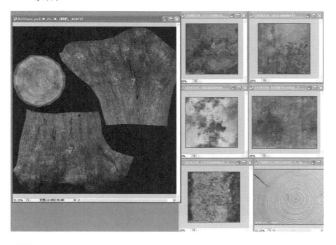

11 赋予模型，观看效果。

12 用同上方法，对树桩的上半部分做些颜色，体现脏垢污渍的变化。

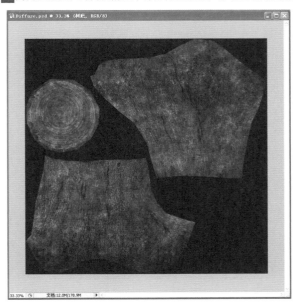

13 赋予模型观看效果。

14 新建一个灰度图层，用"叠加"的方式绘制树皮的立体关系，目的在于让贴图更清晰，细节更丰富。

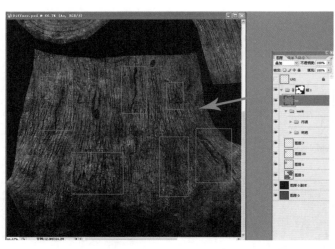

15 赋予模型，观看效果。到这一步贴图就制作完了，细心的朋友可以把贴图刻画得更细致一些，细节变化更丰富更清晰。

16 贴图完成之后，我们来对 Normal 加强，转换 Normal 细节。打开 CrazyBump，导入 Diffuse 贴图，在出现的界面中，任意选一种。

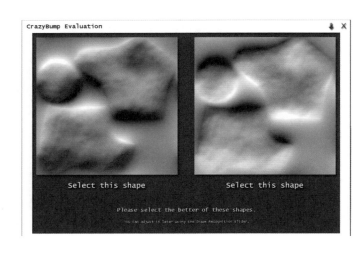

17 参数设置如图所示。

18 同样方法，把 Diffuse 中加强贴图立体感的那一层独立出来，单独转 Normal。

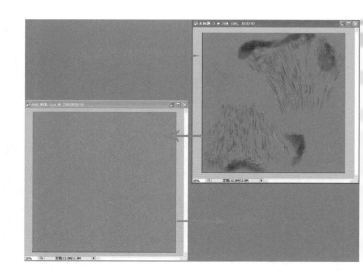

19 转好 Normal 之后，叠加在之前的 Normal 上，看一下效果。

Normal 制作完成后，接下来制作 Specular 贴图，高光贴图也是通过 Diffuse 贴图制作。高光贴图的作用主要是要表现材质的高光，材质的质感，不管是皮革还是金属，它的质感都要靠高光来表现。

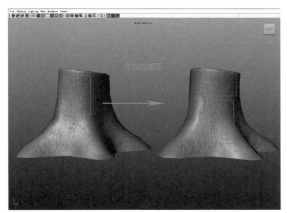

20 首先给高光贴图添加一个"色相饱和度"，降低饱和度的数值，添加一个 Mask，保留部分颜色倾向。

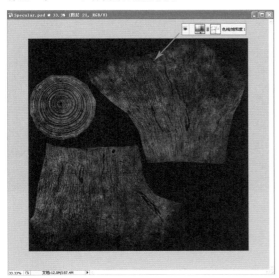

21 调整"亮度 / 对比度"，增强对比度。

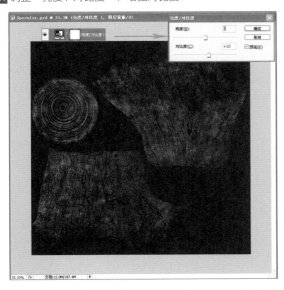

22 调整"曲线"，稍微降暗一点。

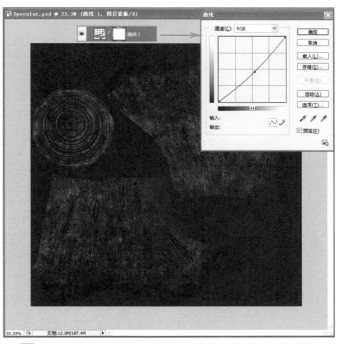

23 赋予模型，观看一下效果。

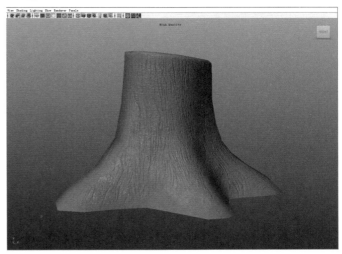

24 把制作好的 Diffuse、Specular、Normal 贴图赋予模型，简单做个带 Aphla 通道的地面。

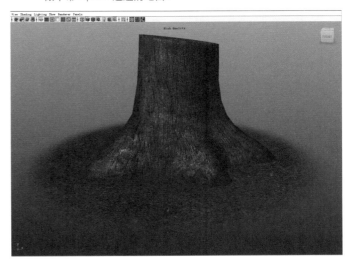

25 简单打两个灯光，看看效果。至此树桩就制作完成了。

第3章 公路路面

在游戏中，路面是不可或缺的部分，特别是在赛车类型的游戏中，会有大批公路路面出现，而且地形蜿蜒起伏，形状多变。在制作的过程中，我们用什么样的制作方法才能达到一个理想的效果，怎样分配合理的资源做出质量高的模型效果，怎么去优化模型资源，是这一章要讲的内容。

3.1 资源的合理分配 《《

如何合理的分配资源才能制作好的效果呢？首先，在策划制作一个游戏的时候，它的资源大小一般都是事前评估，比如在赛车游戏中，我们玩的是什么？真实！那么这个游戏的侧重点就在于汽车的制作上和环境赛道上，而人物往往在赛车类型的游戏中所占资源比重较小，因为大多是路边围观的。

在各个环节都规定了大致的资源分配之后，才会开始模型的制作，路面作为玩家能近距离观察到的一个环境物件，其制作精度需要较高的细节。但是我们都知道道路是很长的，如果按照正常物件的制作方法来制作，恐怕在贴图绘制上，需要特别大量的资源来制作。为了避免这个现象，用尽量少的贴图来表现最好的效果，我们要用到"二方连续"贴图、"四方连续"贴图。前面章节提到过，二方连续就是以一个单位的贴图，有规律的排列并以向上下或左右两个方向无缝无限连续循环所构成的带状图案（四方连续同理）。有了二方连续和四方连续的贴图，我们就可以从制作路面贴图的几十张、几百张贴图缩小到几张贴图的量，这样就可以大大减少贴图的资源。

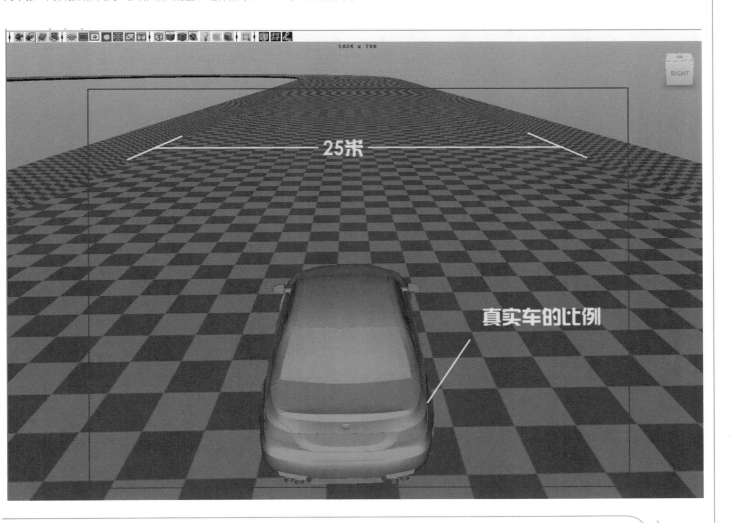

次世代游戏中的物件、场景等都是模拟现实生活中的，按照一定的比例大小真实反映在游戏中。来看上图，我们制作了一条道路，宽度大约为25米，汽车模型的长、宽、高符合现实生活中的真实比例。

再来看俯视图，在制作一条道路时，我们要严格按照现实生活中的比例大小来制作，这样制作出来的模型才有可信度。

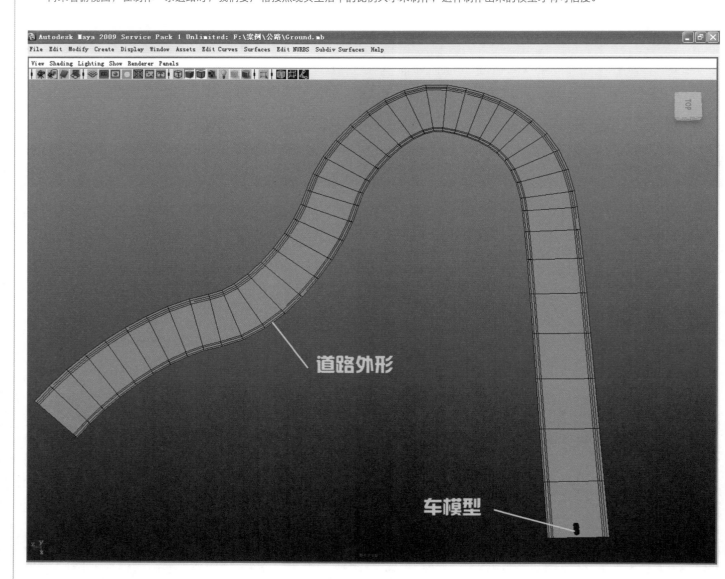

游戏与现实中的比例关系。 如果是制作游戏项目，客户会提供比例大小文件和尺寸大小，只要严格按照比例关系来制作就可以了。如果是个人作品，我建议可以采用1:1的比例关系来制作，物件大小跟场景大小都有据可查，减少了比例换算的麻烦。

01 使用 3ds Max 创建一根任意形状的道路曲线。

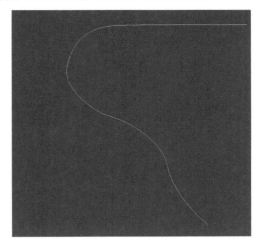

02 勾选"样条线可渲染"选项，设置样条线的参数为 25 米宽的四边形。

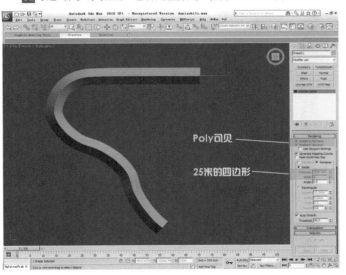

Poly可见

25米的四边形

03 旋转曲线的角度，使面垂直于顶视图，调整曲线的段数，根据自己创建的样条线达到一个好的弧线曲度为准。

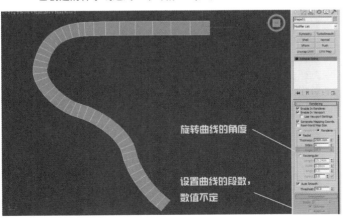

旋转曲线的角度

设置曲线的段数，
数值不定

04 切换透视图，右击模型，样条线转换成 Poly 多边形。

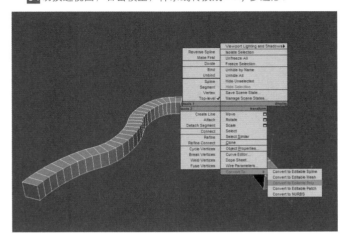

05 删除底部的面，只保留顶部需要的面，这就是道路的基本形态。

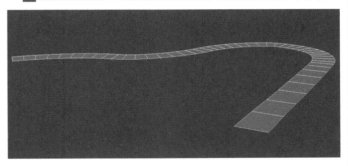

06 用同样的方法做出道路两边的部分，调整形状。

07 拆分，拉直 UV，呈二方连续型排列。

多尝试 UV 拉直工具的应用，学会之后，会给拆分带来极大的方便。

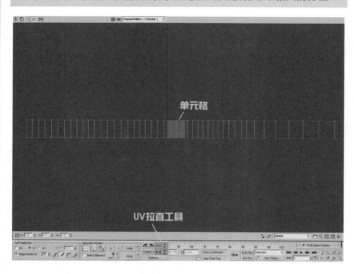

08 道路两旁的 UV，采用同样的方法。

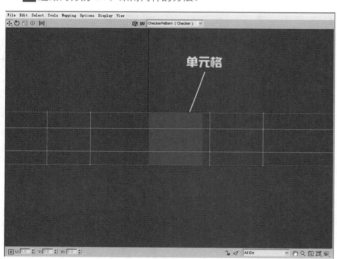

09 放入车模调整比例关系，长、宽、高：520cm -1900cm-146cm。
放不同路段观看一下效果。

10 在绘制贴图之前，先查询相关资料、游戏截图、素材贴图等。地
面出现比较多的游戏肯定是赛车类游戏了，所以这些资料我们很
容易找到。

11 在游戏截图中观察道路的细节：1.颗粒感，2.轮胎擦痕，3.道路
的新旧变化。有了这些细节观察之后，我们制作道路的时候，就
有了参考，制作出来的细节也会更丰富。

12 首先给路面一个基本的颜色，添加道路的斑马线，这样公路的基
础元素就有了。

13 选择一张柏油路的素材贴图，"正片叠底"赋予路面，并调整图层的透明度，公路有了基础的纹理细节。

14 再来一层，叠加明暗关系，调整路面的颜色变化，汽车经常跑的路面相对来说比较暗淡，不经常经过的地方会有尘土什么的，相对明度较亮。在制作过程中一定要多思考现实生活中出现的情况。

15 给路面的斑马线添加些不规则磨损，显然在现实生活中，路的斑马线经过风吹日晒、汽车碾压等自然因素和人为因素，使它变得不规则。

16 绘制路面的裂纹细节。用 Photoshop 的 3 号笔刷，用深灰色绘制一条条不规则的裂纹，叠加在图层上。公路的裂纹可以自己手绘，也可以找素材参考。手绘相对自由一些，可控度比较强。

17 添加道路的脏垢。路面上会沉积土、泥巴、汽油等，路的边缘部分沉积物相对厚重，颜色可以绘制得重一些。

18 用 Photoshop 自带的 19 号笔刷，用深灰色绘制路面的汽车轮胎划痕、漂移摩擦痕。

19 绘制道路两旁的部分：草地与石子。调整石子的明暗度和颜色，结合 Mask 的使用，擦掉一部分，使其参差不齐，自然一些。

20 用绘制轮胎划痕的方法，绘制路边图的颜色：19 号笔刷、土黄色。到这里我们的贴图就绘制完成了。

21 如果制作公路路面的高模来烘焙法线贴图，显然不是特别实际，而且效果也一般，所以细节部分我们都用 CrazyBump 转换。这里采用的方法是分开转换的：单独的斑马线、单独的公路纹理，单独的公路裂痕，最后叠加在一起。这么做的好处就是得到的 Normal 清晰、有层次。

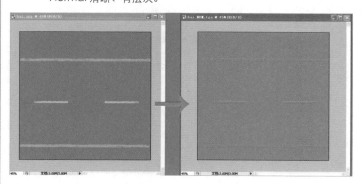

22 绘制公路裂纹的 Normal。

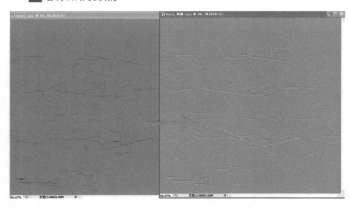

23 绘制公路颗粒纹理的 Normal。

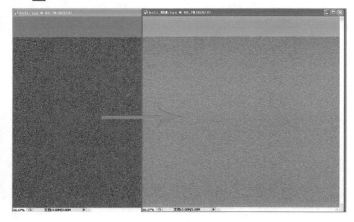

24 绘制公路两边石子草地的 Normal。

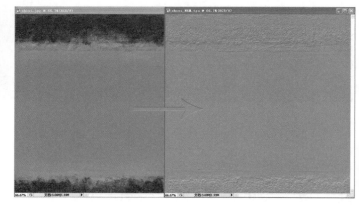

25 赋予模型，看一下效果。

高光贴图的制作

在 Maya 中，高光贴图支持颜色的色相倾向，如果高光有颜色倾向，赋予模型后，模型的高光上颜色会丰富很多，这也是按照项目要求来，如果在游戏公司制作项目的时候，客户没有明确规定高光贴图的颜色倾向，可以做一点颜色变化丰富的颜色倾向，但是如果项目中客户要求高光贴图只是灰度的时候，我们还是要按照客户的要求来制作。

高光贴图其实就是把颜色贴图的对比拉开，脏的更暗、明亮的更亮，拉开贴图的体积关系。

26 首先我们给模型添加一个"色相／饱和度"的调节层，降级颜色贴图的饱和度。

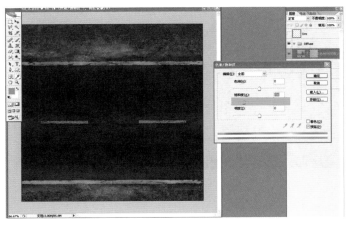

27 选择路面叠加的颗粒的图层，执行"亮度／对比度"的处理，提高对比度的数值，使颗粒更明显。

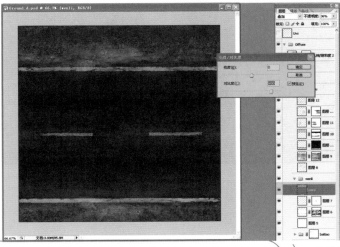

28 选择轮胎划痕的图层、脏污的图层，使用"色阶"命令降低明度。

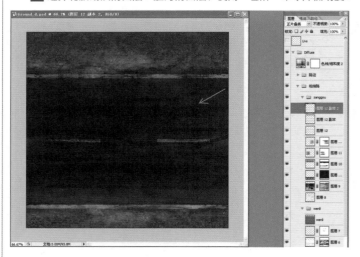

29 选择路边花草、石子的图层，使用"亮度/对比度"命令增加对比度，石子泥土的高光一般很暗，明度不用太亮。

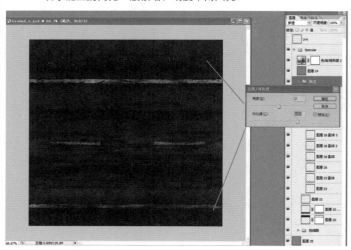

30 微调对比不太明显的细节，最后完成高光贴图的调整制作。

31 赋予模型，看一下高光的效果。

Specular+normal

32 最终效果如下。

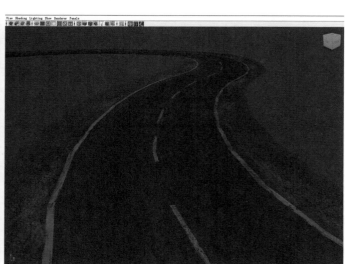

33 公路的各个路段，比如减速的路面标志、十字路口的路面等，制作方法大同小异，这里我们又制作了一个路段变化，唯一不同的就是中间的黄色线段改成白色的斑马线。

在绘制颜色贴图的时候已经分好图层，如果对底层的标示做些变化是非常简单的，大家也可以自己做一些标示来增加不同路段的变化，希望这里起到一个抛砖引玉的作用。

场景公路的制作，我们来做个梳理。

1. 参考资料。

2. 比例大小。

3. 根据模型分析 UV 的分布拆分。

4. 搭建模型，拆分 UV。

5. 颜色贴图的绘制。

6. Normal 的转换应用。

7. 高光贴图的制作。

次世代的流程大概就这么几部分，唯一不同的就是步骤多少的细分和对物件的理解。大小物件在制作的时候同等重要，都需要去更真实地表现模型的细节、丰富模型的变化。通过这个例子希望大家能对次世代场景物件有个概念。

第4章 建筑材质表现

在次世代游戏中，建筑物作为游戏中最多、最庞大的物体，在游戏中占据非常重要的地位，不同建筑风格决定着游戏的地域文化特征，也表现着游戏的特色，有中式建筑、欧式建筑、古典的、现代的等风格的建筑类型。各个游戏中的建筑各有不同，像现代射击类游戏的建筑风格大多都是现实建筑风格，像《刺客信条》的建筑类型我们可以看出是中世纪的建筑，《使命召唤》游戏中的建筑类型属于现代的建筑类型等。我想说的是，一款游戏建筑类型一定要符合游戏的故事背景，如果在《刺客信条》这类游戏中出现现代的建筑，那么大家可以想象会是怎样的情景，用时髦的话来说，应该就是主角成功穿越了。

4.1 二方/四方连续 《

一栋很高的大厦、一个城堡，像这样庞大的建筑物，如果按照物件大小比例关系来画贴图，恐怕一个城堡要海量贴图才能达成一定的比例关系，我们如果这么直白地去理解这个问题的话，那么游戏就做不出来了，做游戏讲求的是利用最简单最省资源的方法来达成最好的效果。所以本章还要继续强调一个次世代游戏常用的贴图方式——二方连续/四方连续。

之前提到过，二方连续就是以一个单位的贴图有规律的排列并以向上下或左右两个方向无缝无限连续循环所构成的带状图案（四方连续同理）。有了二方连续和四方连续的贴图，我们就可以从制作墙面贴图的几十张几百张贴图缩小到几张贴图的量，这样就可以大大减少贴图资源。

我们来看左下图，红色区域是地板，我们看到这一块区域很大，如果把这一块区域当成一个物体，给这块区域一个 2048×2048 的贴图（或者更大尺寸），你会发现虽然你绘制了很多细节，赋予贴图之后相对也是清晰的，但是，如果把人物角色放入场景之后，相对于人物的贴图细节来说，显得特别的"糊"，这样的结果在游戏中，我想是每一个玩家不喜欢看到的。为了解决这种贴图分辨率的差异问题，我们就要用到"四方连续"贴图，右下图红色边框所表示的就是我们用到的四方连续贴图，用一张 512×512 小的四方连续贴图就能很好解决地面的问题，最重要的是它尺寸小，还表现出很好的贴图效果，这才是制作游戏所需要的。

我们再来看左下图，能看到地板上明显的重复痕迹，在右下图中，我用红色方格标示了出来，这么大一块区域，只用一张 512×512 的贴图就可以表现出来。当然，一张好的地面贴图，不能出现重复太明显的图案，即使有重复的图案，我们可以采取其他一些方法来消除，比如，在场景中重复比较明显的地方，放一些场景道具，比如箱子、油漆桶等符合场景气氛的一些物件，来打破这种常规的重复。

如果是角色的第一视角，以 180cm 高度的角色视角去看地面的时候，贴图的重复是看不出来的，除非坐在飞机上，俯视地面才能看清楚。在我们现在所玩的游戏中是不太容易看到这种重复性，因为引擎在不断更新，引擎多了很多功能，有很多特效，很多笔刷，在地面上用笔刷能刷出很多变化出来，只要我们制作好基础贴图，其他事情就交给引擎来处理，也有些游戏所使用的引擎没有这些功能，这个时候就要我们自己多动手细心地来处理基础的纹理贴图了。

在下图中，数字区域表示是利用重复贴图表现出来的。

接下来我们来看看一张重复贴图怎么制作。首先我们看一个例子。

常用方法有两种：

- 通过贴图转换得到Normal。

- 手动建模烘焙Normal。比如砖墙，我们需要手动把砖块一块一块地用模型做出来，然后烘焙Normal，绘制颜色贴图。

两种方法在次世代游戏中都常用，第一种方法相对简单，得到的效果还可以，是一种省事有效的方法；第二种制作相对复杂，但是得到的效果真实、立体感强。

4.2.1 通过贴图转换得到Normal

接下来我们来讲解第一种方法。

01 首先我们打开一张图片，来制作四方连续贴图，这是一张尺寸不规则的图，一般四方连续的贴图尺寸都是正方形的，比如512×512、 1024×1024、 2048×2048，所以这里制作我们要做一张1024×1024的四方连续贴图。

02 新建一个空白文档，尺寸设置1024×1024。

03 按住 Shift 键拖动图层到新建图层中。

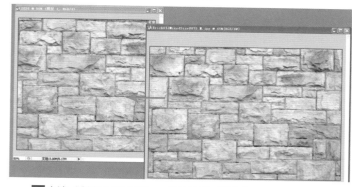

04 全选（Ctrl+A 组合键），然后执行"图像"→"裁剪"命令，剪掉不需要的部分。

05 选中图像的图层，执行"滤镜"→"其他"→"位移"命令。

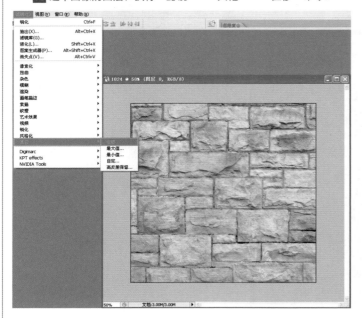

06 在打开的"位移"面板中输入数值 512，可以明显发现接缝处于图的中心位置。

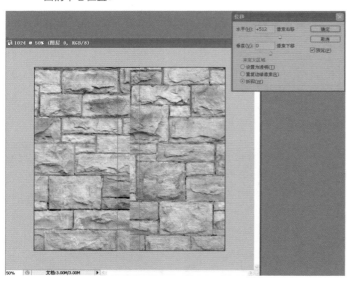

07 选择"图章"工具，对红框中间的接缝进行修复，修复的时候要多花些时间，处理的细腻一点。

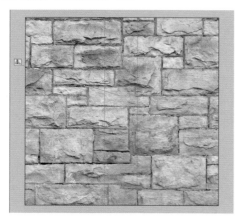

08 继续执行"位移"滤镜，在垂直方向移动 512 个像素，如图中间红色区域部分的接缝。

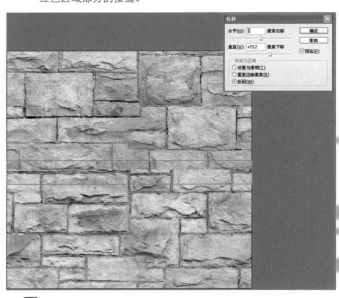

09 通过"图案印章"工具修复中间的接缝。

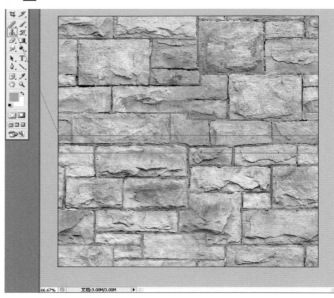

10 打开 Maya，拉出一个面片，放大 UV，因为对贴图的接缝在上两个步骤中进行过修补，所以 UV 放大之后，是不会出现接缝的这张贴图就是"四方连续"贴图。

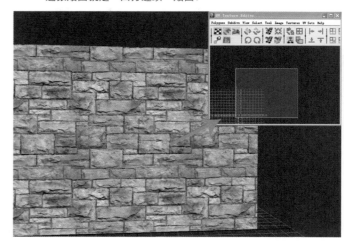

4.2.2　Maya/3ds Max+ZBrush烘焙Normal

在 Maya 或者 3ds Max 中，搭建出一块块的砖块模型，然后在 ZBrush 中去雕刻砖块上的细节，通过高低模烘焙来得到需要的 Normal。我们来看几张图。下图来源于《战争机器》游戏，通过这样的方法，烘焙出来的 Normal 效果相对较好，唯一的缺点就是制作周期长。

图片来源于游戏《战争机器》　　　　　　　　图片来源于游戏《战争机器》

这种方法在公司常不常用，取决于项目案子的需求，如果项目要求必须用这种制作方来做，那么我们一定要按照要求来制作。随着软硬件性能地不断提升，这种制作方法很可能会成为以后次世代游戏制作的一种主流方法。

4.2.3　通过CrazyBump转换成Normal

01 贴图转换的 Normal 相对于手动建模烘焙出来的 Normal 来说，立体感相对来说比较弱，为了能让砖块体积更强一些，打开 4.2.1 节的四方连续的砖块贴图，用 19 号笔刷（或者自己喜欢的笔刷），对砖块的缝隙进行重新的绘制，进一步增强贴图的大体块关系。

02 绘制完成后，调整图层的不透明度，使其融合，保存颜色贴图。

03 单独保存一份我们绘制的砖缝图层。

04 打开 CrazyBump，导入颜色贴图，参数设置如下，保存转换的 Normal。

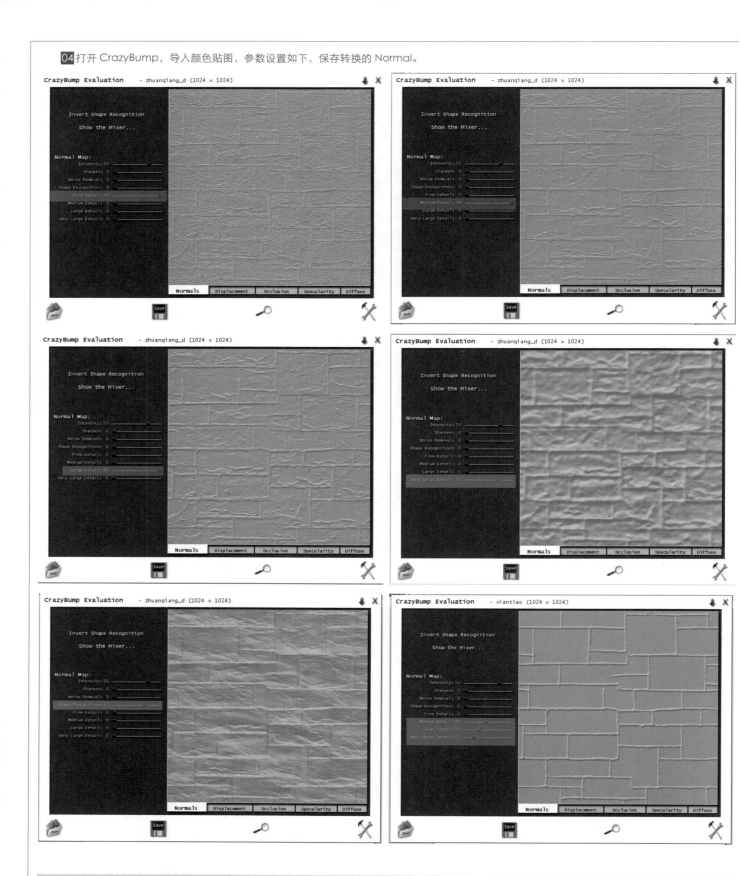

输出这么多图层的目的在于我们在 Photoshop 中叠加合成的时候，方便对每个图层的控制，最终达到希望的效果。

次世代游戏机械及场景制作

05 然后通过设置，对每一层的纹理 Normal 进行叠加处理。这样的
目的在于叠加图层的蓝色通道信息不会被上一图层的蓝色通道信息覆盖。

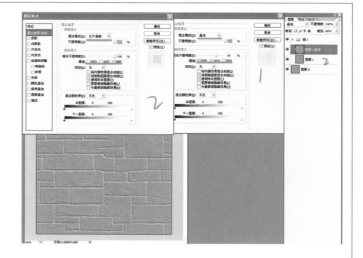

06 把每一张细节 Normal 都集中到一个组"Ground"，这样在叠加完了之后，赋予模型观察效果，对效果过头的，可以通过调整图层组的透明度来改变 Normal 的强弱对比。

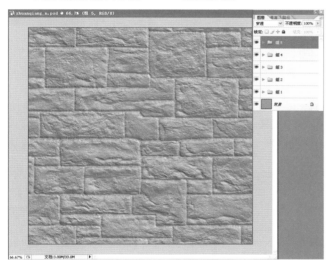

07 在 Maya 中观察效果。

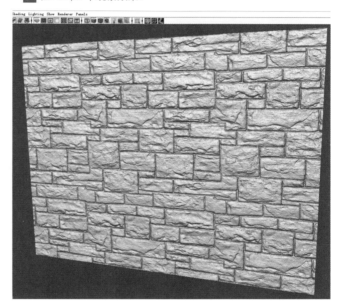

4.3　制作高光贴图　《

01 同样的，在 CrazyBump 中，打开颜色贴图，调整 Specularity 参数面板，保存贴图。

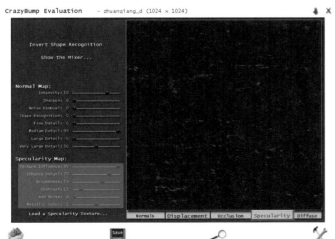

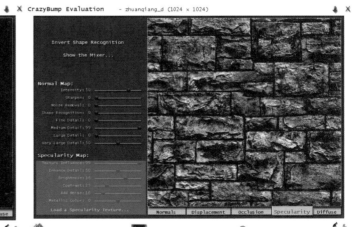

02 在 Photoshop 中，将输出的图进行叠加调和，然后对贴图的素描关系进一步做细节刻画，可以选 19 号笔刷或者自己喜欢的笔刷来刻画细节。

03 到这里我们所需要的三张贴图就都有了：颜色贴图、Normal、高光贴图。赋予模型，来观察一下效果。

04 拉近放大的局部效果图，可以看到细节还是很丰富的，如果场景需要，我们还可以再叠加一些雨水冲刷的流渍，挨着地面的地方的泥垢等，这样贴图的细节会更丰富。

4.4 小 结 《

1. 四方连续贴图的制作方法。
2. CrazyBump 对 Normal 的转换。
3. Normal 图层正确的叠加方法，保存完整的蓝色通道信息。
4. 高光的处理。

第二部分　游 戏 机 械

学员曾敏巍作业

第 5 章　机械模型的制作

　　机械模型在次世代游戏中应用相当广泛，特别是战争类型的游戏中，比如《光环》系列、《使命召唤》系列、《战争机器》、《反恐精英》系列等。在这些游戏中用到的大量枪支、车、飞机等，要制作写实模型，需要细心认真，制作出它的真实感。这一章我们着重来**分析模型制作**，**怎样刻画细节**，**保护线的使用**以及 **UV** 的拆分技巧。

5.1　分析模型　《

　　如何分析要制作的模型呢？首先要看我们拿到手的参考图或者相关信息，弄清楚我们要制作的对象，不能错误地把坦克车上的高射机枪做成一把陆地上用的冲锋枪，也不能把一架客机做成战斗机。次世代游戏讲究的是真实性，跟现实生活息息相关，所以制作的模型不能有违常理。

　　通常在公司制作机械模型之前，客户会提供一张或者多张参考图作为标准，让我们来根据这张参考图，制作出接近的合理模型。还有的情况就是客户没有给参考图，但是会给相关的模型资料，比如制作一辆奥迪 A8，要求写实，客户只提供给我们一个现实生活中的型号，这个时候我们的参考图就要自己搜索，找相关的清晰图片来帮助我们完成模型的制作。

　　比如下图是我们的参考图（图片源自《战争机器》设定）。

　　有些朋友可能会问，没有三视图怎么来制作？这里我要说的是，不是所有的游戏项目都会给到三视图这样的参考，这取决于我们要制作的这个机械模型在游戏中的分量；如果在游戏中经常会有车上的镜头、车内部的镜头或者驾驶的镜头，那么这个机械模型在制作上一定要做到细节丰富真实，各个部件的穿插位置关系要尽可能的精准（但毕竟不是做工业模型设计，肯定会有所偏差），在有了参考图的辅助下，我们在着手制作的时候会节省很多时间，至少在形体把握上不会有太大的偏差。

下图是我们找到的现实生活中类似车体的一些图片，找这些图片的目的在于对轮胎、胎花、小炮、车体悬挂等的参考制作，对于参考图看不清楚的结构一定去找更多的参考图，不能太模棱两可。

5.2　构建机械大体块 《

　　我们用一个例子来分析机械的体块关系。首先看下模型的最终制作效果。这辆车是 game798 学生袁正富的作品，在制作这辆车的过程中，反复修改好多次，最后的效果还是很不错的。车体厚重，结构复杂，整体感觉浑厚，是个很不错的作品。

接下来我们来分析这个模型的体块关系：

在参考图类似的情况下，我们就要分析模型的体块关系，表面上看一个模型，结构是很复杂的，可能第一感觉就是无从下手，这时候我们就要仔细观察参考图，在大脑里形成一个立体概念，对模型进行大体块的区分。体块区分的时候不要去考虑太多细节，重点看大的体块关系。

当我们对模型体块分析清楚之后，再去制作模型的时候会清晰明了很多，道理等同于盖房子，一开始都是大的构架，至于屋里怎么装饰、细节怎么表现，都要在后期完成。在左下图中，我们看到整个模型没有压边没有倒角，几乎没有太多的细节，建模初期就是一个简单 Box 的堆积过程，大的体积关系堆积好之后，再对单个的大体块进行进一步的小体块关系的分析，层层深入（右下图），这样我们制作起来更有条理性，不至于一开始过于深入某个细节。

5.3 制作细节元素 《

在我们搭建好体块关系之后，再对各个大体块进行小体块的细节深入制作，首先要保证大的体块模型形体准确，不用太大改动的前提下，再去刻画细节，这么做的原因在于小细节刻画完之后，不用去调整形状。

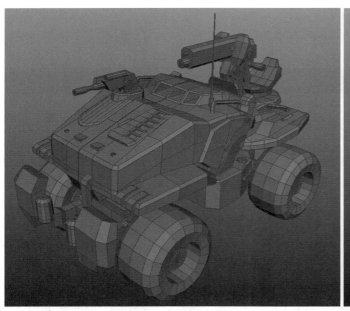

有些朋友可能做模型喜欢从细节入手，这个方法不是不可以，但是最大的问题在于你对整个模型形体的把握，如果模型细节都制作的精美绝伦，但是一看模型的外形轮廓，差的太多，这个时候我们再去调整形状的时候会非常麻烦，很有可能会返工，这是每个人都不希望的结果。所以我们一直强调先从大的体块关系入手，然后再深入刻画，就是为了避免造成不必要的麻烦。

在制作模型的时候，很多朋友都是一体制作，这样导致的问题就是，在模型上要加很多的线，来切出来想要的结构，做出来还好，做不出来模型就会乱糟糟，光滑之后也会凹凸不平，不圆润。所以很多细节可以单独分开做出来，放在对应位置上就可以了。

我们拿轮胎为例，下图是我们在次世代游戏项目中经常用的制作方法完成的车胎，跟前面同样道理，如果一个复杂模型全部一体化制作出来，会很麻烦，而且需要切线、切出结构，特别是圆弧形的结构比较难处理，容易出错，不容易修改调形。各个部件单独做出来，放在对应的位置，这种方式相对来说更适合游戏制作，省时间，对造型修改也比较好控制，这种方法就是通常意义的"漂浮"制作方法。

对于枪上的复杂结构，采用的方法是一样的。高低模烘焙也可以发现问题，要抓住重点，制作高模的作用在于，跟低模对算得到 Normal 贴图，这张贴图才是游戏所需要的。

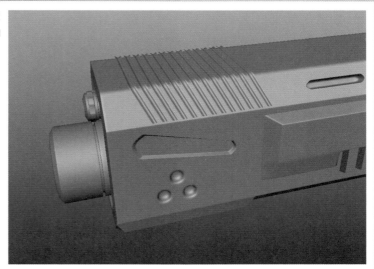

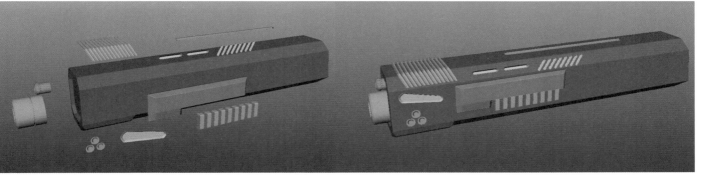

5.4 保护线的使用 《

在搭建高模的时候，怎么对我们搭建出来的模型进行 Smooth 操作，还要保证外形形体不受影响呢？这里就要用到保护线。所谓"保护线"，说白了就是提供保护的线段。我们来做一个简单的测试，在 Maya 中拉出一个 Box，并复制，如左下图所示在数字"3"的模式下看观看效果，如左下图所示。

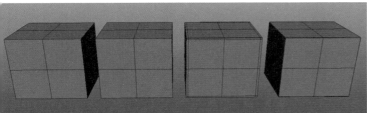

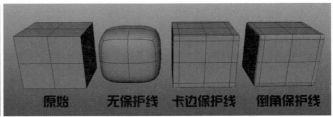

原始　　无保护线　　卡边保护线　　倒角保护线

在右上图中，很直观地就能发现，加保护线的后两个模型最接近原始的形状，这也就是我们要加保护线的作用——就是为了固化模型现有的形状。保护线的方法有两种，下面我们分别来介绍。

5.4.1 卡边

选择我们的模型，在"Ploy"模块下，执行 Edit Mesh → Insert Edge Loop Tool 命令，在需要保护的线的附近切环行线，并时刻在"3"模式下观察效果。

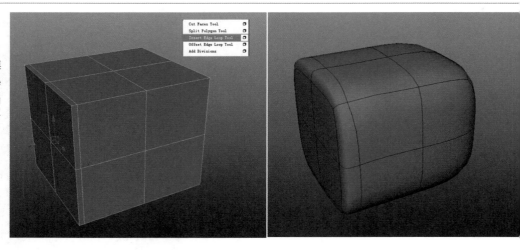

这个时候有了初期的变化，继续为其他边加保护线，完成后观看效果，如左下图所示。

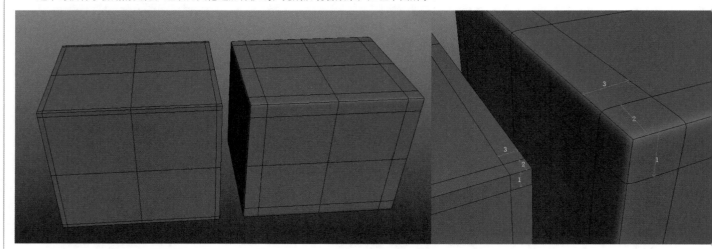

在右上图中，数字 1、2、3 分别标出了相应的三条线的距离，距离决定着 Smooth 后模型边角的圆滑程度，大家可以自己手动切不同距离的线来观看变化，在以后制作复杂的机械模型的时候，要熟练应用这一技巧。

5.4.2 倒角

另一种方法就是"倒角"。选择需要固定的边，执行 Bevel 命令，同样的，倒角的大小决定着 Smooth 后模型边角的圆滑的程度，如左下图所示。在 Smooth 模式下的观察效果，如右下图所示。

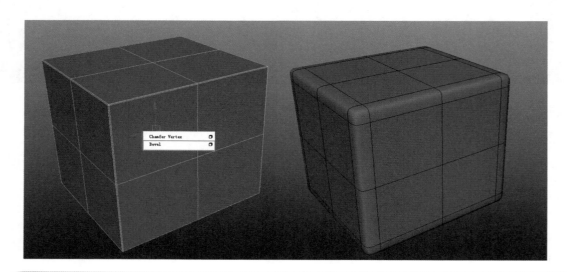

对于稍微复杂一点的模型，方法是一样的，保护线要沿着结构走，这样布线的模型在光滑之后，整个模型的曲面光感才是光滑的。在实际应用中，具体用哪种方法比较好，还需要大家多尝试，只要能得到较好的效果，用什么方法都是可行的。

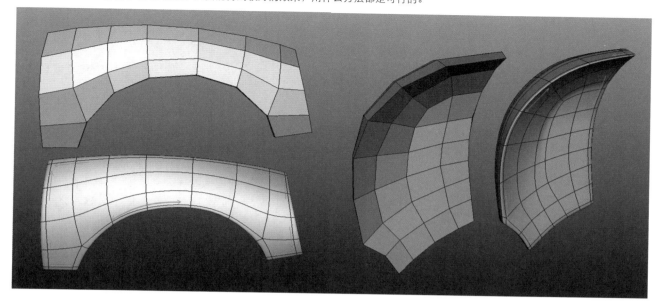

5.5　机械拓扑的常用方法 《

在模型的高模制作完成之后，通常要进行低模的拓扑制作，拓扑原则有以下几点：

（1）模型低模的面数必须在游戏项目客户给定的面数内（面数是一个估计值，一般会有些许偏差，面数超出的范围要在客户允许的范围内）。

（2）模型不能有废弃的面、线、点，要保证模型点、线、面的合理性。

（3）高低模的外形剪影要保持一致，不能有太大的偏差。

（4）不能有破面漏面的地方。

（5）模型穿插不能太厉害，穿插在内部看不到的面会占用不必要的 UV 空间。

（6）删除看不到的地方的面。

（7）小零件可以不用制作，能烘焙到模型上的细节就不要制作模型。

这些在制作低模、拓扑低模的时候都是要仔细推敲的，简单地说就是用最少的面表达最好的效果。

我们来看下面两幅图，左下图是低模带 Normal 的高显状态下的截图，右下图是高模光滑后的模型，注意观察两幅图的立体效果，低模带 Normal 的立体效果几乎可以以假乱真了，而且面数很少，这就是我们所需要的效果。

在次世代游戏项目制作中，能用来拓扑的方法很多，有 3dsMax 集成的 Polyboost 工具、Maya 的 Nex 插件、Topogun、还有 ZBrush 自带的拓扑工具。从制作效率来讲，这些软件在制作角色的时候更方便一些，那么机械怎么来拓扑呢？我们要回头看看高模制作过程，在高模制作的初期，其实我们已经搭建好模型的大体框架，如右图所示。

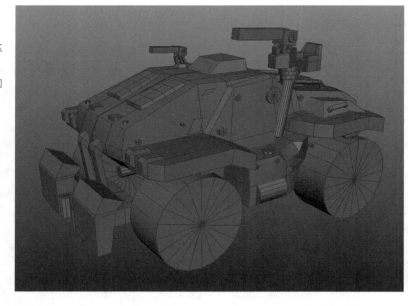

我们制作的这个模型，已经很接近需要的低模了，现在要做的就是在此基础上，参考高模形状加以细化，合理布线匹配外形。

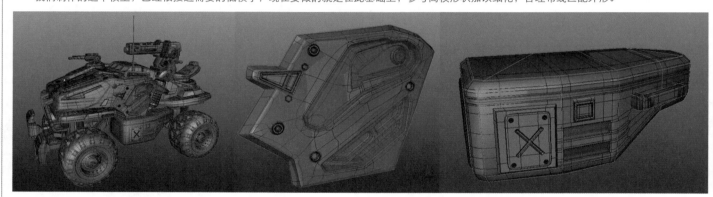

我们接下来拓扑一下轮胎的低模。

01 在拓扑的时候要保证高模处于 Smooth 状态下，拉出一个 16 边型的圆柱。

02 选择两边的线执行 Bevel 倒角命令，并调整线的位置，让低模包裹住高模。

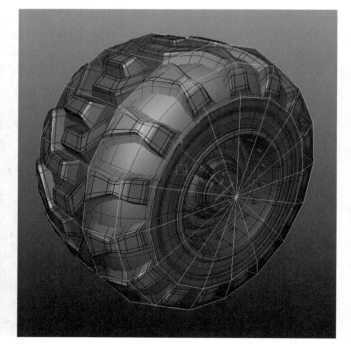

03 切环行线，调整形状，做出轮胎凹进去的结构。

05 用同样的方法制作出车胎里面较大的两个螺丝。这样轮胎低模就制作完成了。

04 对中间的面数进行合并优化。

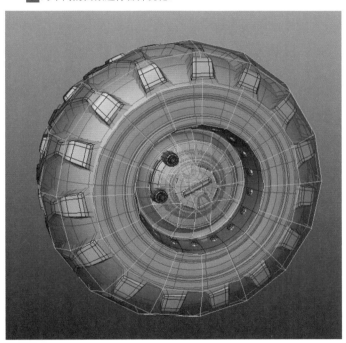

只要按照我们制作低模的规范要求，做出来的模型基本上不会有太大问题，3dsMax 和 Maya 制作方法都类似，不同的是菜单命令的名称。这里做个小例子抛砖引玉，大家可以根据自己的喜好来拓扑。

拓扑做个小小的小总结

（1）面数（规定面数）。
（2）合理的布线，删除对结构不起作用的线。
（3）高低模外形剪影匹配合理。
（4）删除看不到的面。
（5）模型不能有破面漏面的地方。
（6）模型穿插不能过大。

希望大家能通过本节学到的东西，在以后的练习制作中，不断地严格要求自己，相信会拓扑出更规范的模型。

5.6　机械模型UV的拆分 《

UV 拆分的软件很多，有官方软件自带的 UV 拆分工具，有第三方的 UV 插件和 UV 独立拆分软件，常用的有 3dsMax、Maya、Uvlayout、Unfold3d，这些软件都是为了更快捷、更方便的提高拆分 UV 效率和质量。随着软件的不断更新，使得功能强大。

机械模型相对部件较多，如果导入软件，很容易出现一些问题，一般像机械模型，都是简单的模型堆积起来的，没有特别复杂的结构，我比较喜欢用 3ds Max 或者 Maya 自带的拆分工具来进行拆分，主流软件提供的拆分工具命令，足够我们对模型进行合理拆分。

我们还以这辆战车为例，学习一下模型在 Maya 里的拆分应用。

01 如图是这辆车的车壳部分，现在对车壳部分进行 UV 拆分。

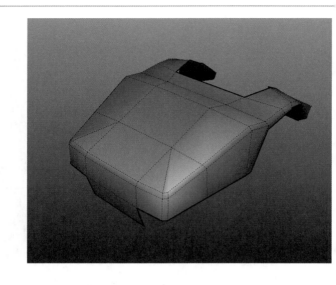

02 选择车壳，执行 Create UVs → Automatic Mapping 命令，展
开 UV。

这个命令对于初学者来说相当有用，如果你对模型不知道从何入手，就用这个命令，展开之后模型没有任何拉伸，但是 UV 会比较零碎，这个
时候我们再对不需要 UV 断开的地方进行线的焊接，简单方便。

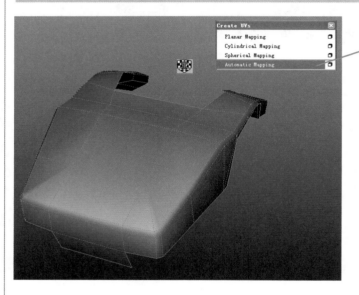

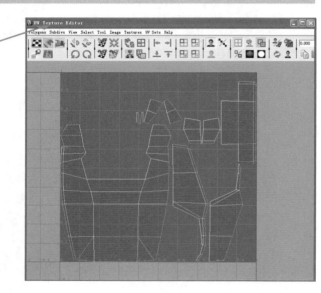

03 选择需要焊接的边，执行 UV 编辑器 Polygons → Move
and Sew UV edges 命令，另一边会粘合过来。

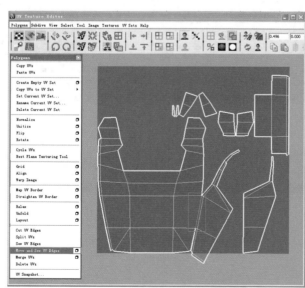

[04] 重复上一步的操作。

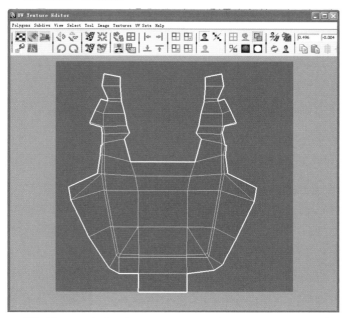

[05] 选择 UV，点击图 Smooth UV Tool 图标，会出现标示工具，向右拖曳，Smooth 我们的 UV。

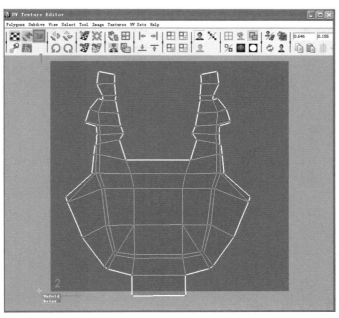

排列 UV 的大的原则就是要做到整个车身 UV 的 P 字格大小一致，外部的车壳部分，UV 可以给的稍微大一些，毕竟我们经常看到的还是车体的外部，对底部和不太看得到的地方，可以稍微缩小一下 UV，把更多的空间留给车壳等细节多的 UV，这样可以保证烘焙出的 Normal 细节清晰，没有锯齿，提高了整个模型的品质。摆放 UV 我比较喜欢先统一 P 字格在模型上的大小，然后按照先大后小的摆放方式放入 UV 框中，然后再微调各个小块的 UV，使其撑满整个 UV 单元格，尽量保证不要有大的空隙，UV 与 UV 之间的像素间隔保持在 4 ～ 8 个像素，具体看游戏项目的要求来制作，个人创作的话保留 4 个像素就可以了。

[08] 观察模型 P 字格贴图大小是否一致，我们通常采用的方法是在无光模式下观察模型，这样更易于观察。

[06] 赋予模型一张 P 字格贴图或者任意一张能查看 UV 拉伸图案的图，旋转模型观察效果，确保 P 字大小一致，没有拉伸。

[07] 用同样的方法对其他部件进行 UV 拆分，并排列。

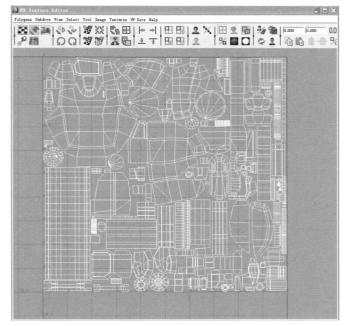

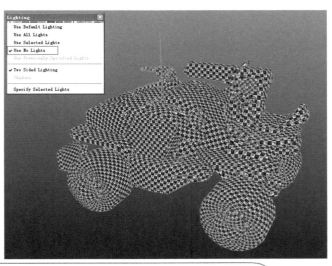

本章内容可能对初学者来说，学起来比较陌生，但只要你肯动手去做，相信从你手中可以做出更好的模型。

UV 拆分的最终目的我们要搞清楚，软件只是一个实现需要达到目的的工具，所以在工具上面，希望大家不要太纠结，在现有的基础上更精细的去掌握习惯使用的软件即可，以达到更好更高效完成工作的目的。

UV 拆分的几个要素：

（1）UV 拆分之前保证你的低模是最终版。

（2）拆分之前对你的模型进行分析，分析接缝的处理。

（3）开始拆分 UV，尽量把 UV 接缝放在看不到的地方，减少画贴图修接缝的时间。

（4）UV 一定要展得平整无拉伸，检查方法：赋予模型一张 P 字格贴图或者其他的方格贴图，仔细检查是否有拉伸，解决有问题的物件。

（5）合理分配 UV 的大小分辨率，确保整体 UV 大小一致的前提下，细节多的、比较重要的部件位置 UV 占用率可以多一点，背面的 UV 占用率可以稍微小一些。

（6）UV 与 UV 之间的像素间隔大小保持在 4～8 个像素，具体要求要根据项目要求，如果是个人制作保持 4 个像素就可以了。

（7）UV 尽量排满 UV 一个单元格，不能有太大的空隙，最大化分布 UV 在单元格内的大小。

有些初学者可能一开始画贴图之前不注意 UV 的分布，到最后贴图画上去精度不高、模糊，只能画更高的尺寸来提高贴图精度，这时只要能做到以上七点，相信你的画贴图水平会有很大的提高，同时提高贴图的精度质量。

学员郑智恒作业

第 6 章　金属材质的体现

由于金属材质的不同所体现的质感多种多样，金属表面也有多种不同的形式，例如：喷砂（形成哑光珍珠银面）、抛光（形成镜面）、压纹（压制出各种纹理）、电镀（覆盖一层其他金属）、喷涂（覆盖替他非金属涂层），以及拉丝（形成类似缎面效果）。不同金属材料所形成的不同质感，犹如给了普通金属以新的生机和生命。对于一个游戏美术工作者来说，要善于抓住这些特征，这些由于材质的差异所产生的不同纹理具有非常强的装饰效果，我们就是要抓住这些特征，去把它完美地展现出来。

6.1　各类金属材质的质感分析 《《

不同金属的不同质感体现：

- 生铁，又称铸铁，它可铸不可锻。但它的抗位强度不够，故不能锻轧，只能用于制造各种铸件，生铁含碳很多，硬而脆，几乎没有塑性。生活中常见的比如有下水道井盖，暖气片等。这种材质由于是直接铸成，性能坚硬而脆，不能打磨，所以他的颗粒感明显，反光弱。

- 熟铁，就是用生铁精炼而成的比较纯的铁，熟铁质地很软，塑性好，延展性好，可以拉成丝，强度和硬度均较低，容易锻造和焊接。一般制作机械，或者钢架结构多会用到这种铁，在这里我统称为熟铁。

- 青铜，较铜坚硬，熔点较低，容易熔化和铸造；青铜也较纯铁坚硬，不同合金成分的青铜适于制造炮管和机器轴承。在工具和武器中，历史上以铁代替青铜并不是铁本身有任何特殊优点，而是由于铁较铜和锡丰富。钟青铜的特性是受敲击时能发出洪亮的声音，生活中多见于礼乐器、兵器及杂器。

- 铝的密度小，大约是铁的 1/3，熔点低，铝是面心立方结构，故具有很高的塑性，易于加工，可制成各种型材、板材。抗腐蚀性能好，由于铝材质的这些属性，所以赋予了它不容易被腐蚀，不会产生锈迹的特征，这些特征，在机械，或者城市基础设施规划中也多处用到。例如，铝合金门窗，铝合金扶手等。

6.2　金属材质的制作方法和技巧 《《

在上一节中我们分析了金属的基本种类和特征。在这一节中我们将以一个机械战车为例，在制作过程中会讲到漆铁、裸铁、铸铁等，具体讲解对这些金属材质的绘制过程与表现手法。

到手一张参考图之后，不应该马上开始闷头制作，而是要去分析结构和色彩搭配。在心里应该有个计划，先去制作什么，然后去制作什么，哪些地方要特别注意，哪些地方处理的时候是"出彩"的地方。无论做什么都要掌握一个"度"的问题。

6.2.1 铺底色

观察并区分大的色彩关系，对照模型 UV 填充颜色。

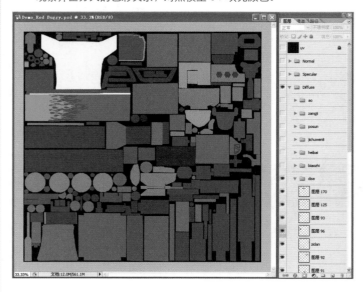

填底色的时候要严格按照参考图来铺，底色就是物体的固有色，不用考虑破损污渍什么的，这时候就是单纯考虑这些物体应该是什么颜色。不过，游戏中的一切都不是真实的，做为一个美术制作者，你要学会艺术化的处理手法，要考虑怎样才能抓住玩家的眼球。要做到这些只能去用"多样化"处理，就是要有更多的颜色对比、更好的细节。

在这需要注意的地方有下面几点：

- 同一个颜色尽量放在同一个图层中，这样可以减少Photoshop的资源占用。也不要合并图层，这样做的好处就是以后处理材质时可以用底色来做选区。

- 在铺底色这一块，漆铁的地方表面喷什么漆，就用什么颜色，不用考虑太多。裸铁的地方尽量用灰度层来处理，这时候特别需要注意色相变化、冷暖搭配。

- 红色的框，就是在填充底色时Photoshop的图层关系。蓝色的框（就是特殊的地方）可以在"眼睛"图标进行一个特殊的标记。

6.2.2 处理AO

AO 说白了就是大的素描关系，塑造物体体积，让物体看起来更有体积感，增加物体的厚重感。

下面讲到的 AO 有两张：一张是烘焙的大的光影关系，一张是靠法线转的细节。

01 如图是烘焙出来的，表现的是一个大的光影关系，大的规律就是上面亮一些、下面暗一些，物体和物体如果相互靠得比较近，就会有一个光影影响关系。此图层用正片叠底方式，记得调节透明度，让其看起来舒服一些，亮的地方不要太白，暗的地方不要出现死黑。

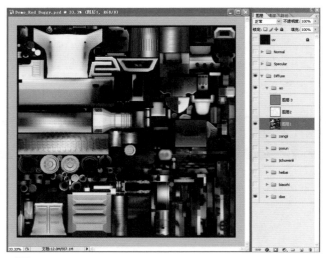

02 如图是用法线转的，可以从法线获取更多的细节体积。

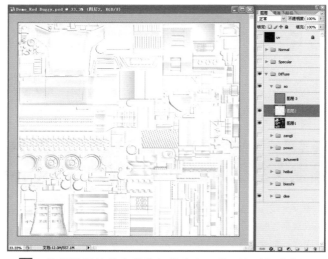

03 一般情况下法线上带的细节会多一些，这时候我们需要用 CrazyBump 或者其他软件转出一张黑白图来，"正片叠底"在底色上面，同样记得调节透明度。

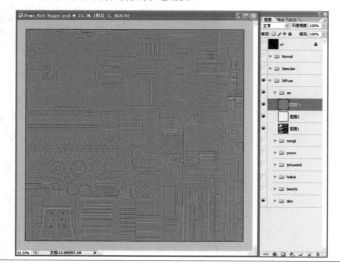

04 如图是在 Photoshop 里用插件通过法线转出来的，完全就是一个黑白边，能转的就转一下，可以节约好多时间去处理其他东西。这层也是用法线转的，不过背景是个"中灰"，图层属性是"叠加"。

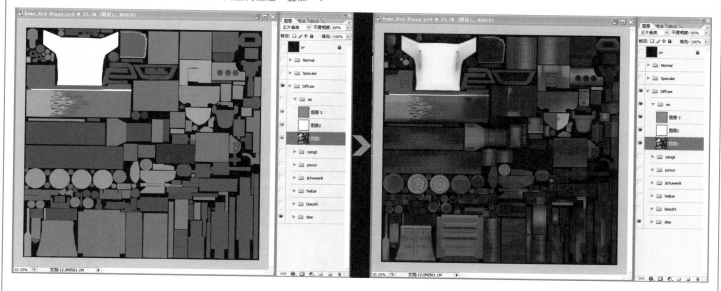

上图就是在底色的基础上加了 AO 之后的效果。

- 调整 AO 的明度，避免阴影处的"死黑"。

- 图层一和图层二是以"正片叠底"的图层方式置于基础底色之上。

- 图层三是"叠加"的方式。这三层都要去调节透明度，注意黑白的控制。

05 如图是在 Maya 里显示的效果，可以看出来物体的体积感增强了。

在 Maya 中的显示效果是无灯光模式下看的，在处理颜色贴图的时候都是在无光模式下，贴图做得尽量符合生活中的写实状态。

6.2.3 添加细节（标志，涂鸦等）

在生活中各种标志也是经常进入我们视线的一种物体细节。不论是汽车品牌，还是赞助商等。

我们要做的就是去把生活中经常出现的、让人觉得符合事物规律的东西挪过来，用在游戏中。这些标志可以起到点缀作用，让物件看起来更舒服、更贴近生活。

次世代游戏机械及场景制作

01 在合理的位置添加合理的标志，比如发动机上的文字、车顶的号码、尾部的涂鸦等。

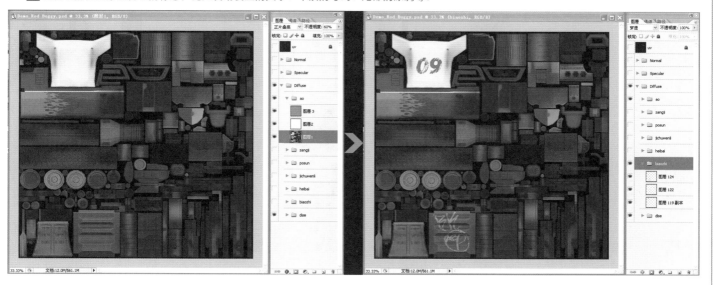

02 标志、文字等这些在贴图上一定要有表现，这样可以更贴近生活。 这些可以用素材贴图叠加，也可以手绘。

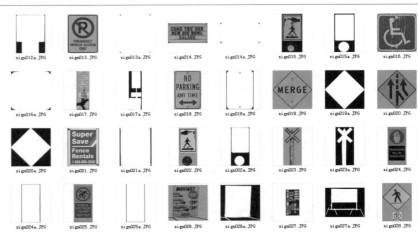

自己要有专门的素材库，用起来才不至于手忙脚乱，
还要用好选区蒙版，尽量不用自己去抠图。

03 增加一些图标或者 Logo，可以表现出物体的作用或者特殊意义。如果是做喷漆，或者宣传条码效果，还有考虑所做物件的新旧程度。有时候
必须把这些标志或者文字做一些破损效果，这样更有说服力。

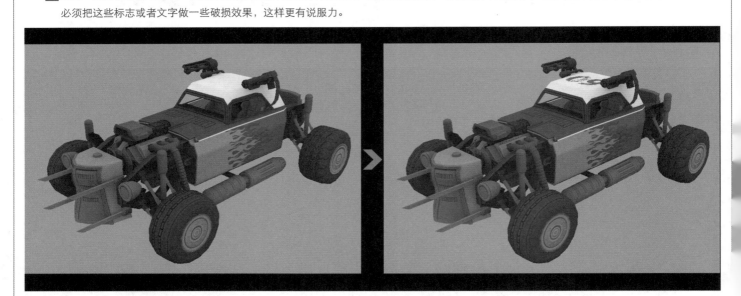

注意这些标志的边缘，或者在物体结构转折的地方，可以用蒙版来制作，这样做利于调整，如果不合适还可以重来。

04 保存图层关系，以后做高光、细节转法线的时候都会用
到这些图层。

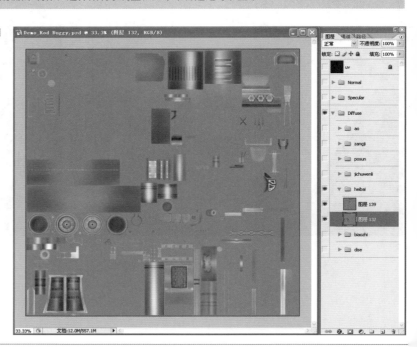

6.2.4 处理黑白关系（强化阴影关系、增强物体体积）

　　下图是在 Photoshop 里用一个 "808080" 的灰度层来增加物体的体积关系，图层属性是 "叠加"。在这个灰度层上用加深、减淡工具，这样做的好处是利于控制，这样在做错的情况时可以用 RGB 为 128 的颜色画笔再画回来。

　　右图截取了更详细的细节，这些基本都是裸铁上需要处理的地方。

在处理黑白的时候，也就是处理裸铁质感的时候。拐角、容易磨损的地方要特别注意。裸铁的磨白就是在这个阶段处理。磨白的地方要注意轻重关系，不要用一样的笔触、一样的轻重关系，要做到有松有紧。

这时候所说的黑白关系，就是让暗的地方更暗一些，亮的地方更亮一些。加强对比，增加物体体积感，让金属的厚重感更明显一些。

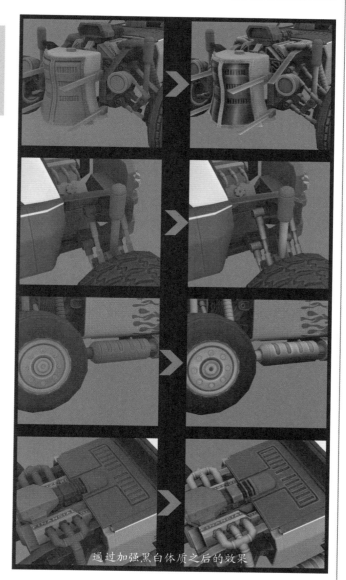

通过加强黑白体质之后的效果

6.2.5　添加基础纹理

不同的材质有不同的纹理，比如木头有木头特定的纹理，金属有金属特定的纹理。对于机械车来说，基本上都是被铁所包裹着，在添加纹理的时候也要有所区别。

在基础色块上叠加的纹理一定要找清晰的纹理，否则模型产生的纹理将表达不清楚。最好不要对纹理贴图进行缩放操作，容易丢失像素。

纹理的叠加方式一般有：叠加、柔光、正片叠底。配合蒙版，制作修改起来很方便。

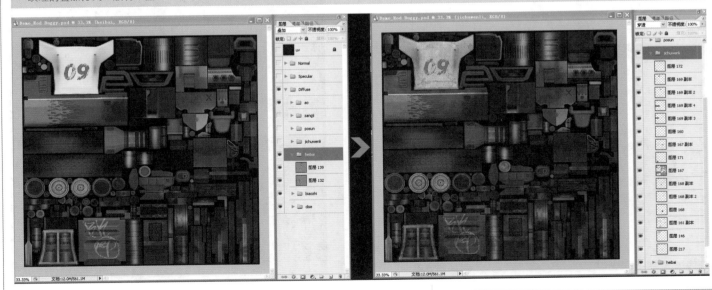

如果叠加的纹理产生了色相变化，而这个变化不是你所需要的，就要给这个图层纹理做一个"去色"的操作。

右图中可以清晰地看见，车内部椅子用的皮革材质，发动机因为是裸铁所以用了比较细腻的纹理，车头和车尾的防撞体用了纹理比较大的材质，漆铁用了本身就貌似有破损的纹理材质。

在添加材质的过程中，原先填好的颜色信息（明暗、饱和度、色相等）会逐渐产生偏差，所以需要不断对贴图整体进行调整。

有些细节结构在参考图或照片上有，但由于各种限制，模型没有做出来，则需要通过贴图表现出来。实现方法多种多样，通常可在 Photoshop 里用图层样式制作。比如发动机上的字体，车头灯的玻璃纹理。

6.2.6　处理破损边缘

　　右图所表现的就是现实生活中的一些磨损边缘。

　　在合理的地方添加合理的破损。一般在边缘，大的转折和容易磕碰到的地方就会产生破损。

　　破损有的地方画一层就够，有的地方要画两层，一层氧化铁锈什么的，还有一层裸铁，这个要看具体位置还有我们怎么去分析所做的物件。

　　下图就是在 Photoshop 里画了破损之后的效果。

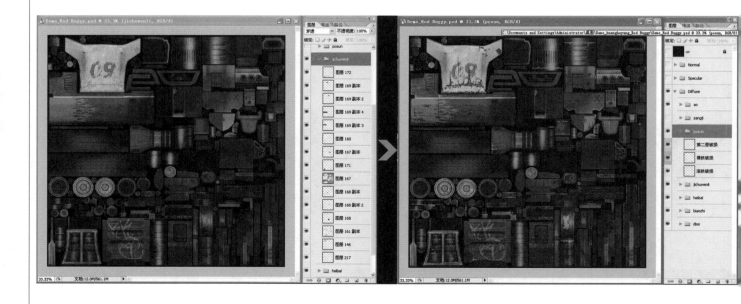

02 油箱的掉漆，漆铁类
的破损颜色就是裸铁
的颜色，只要色相区
分开，明度自己把握。
这里同样也是画了两
层，注意画的时候要
顺着结构画划痕。

03 进气孔，在结构的拐
角处，大的转折位置
破损多一些，也明显
一些。

04 排气管在结构外沿的地方，要顺
　　着车前进的方向画破损。

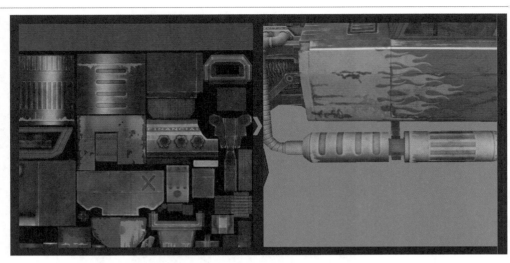

05 车顶的破损也是跟着车前进的方
　　向保持一致，这样画可以给人一
　　种速度感。

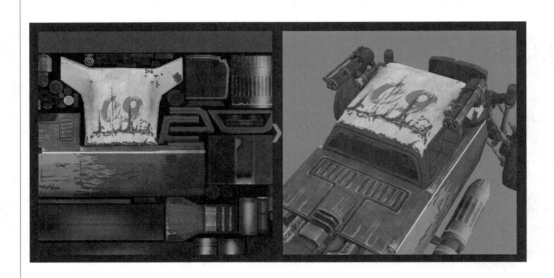

下图是没画破损和画了破损之后在 Maya 中的显示效果。

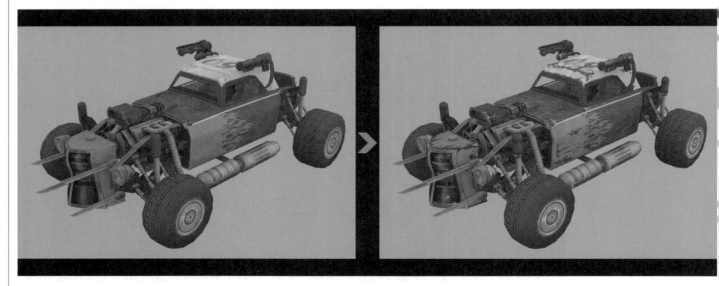

6.2.7 添加脏迹、污渍、划痕

污渍脏垢的多少反映的是物件的新旧程度，污渍脏垢的应用一定要合理，在大多物体与物体交接的地方，容易藏污纳垢。

多观察现实生活中的自然污垢痕迹，能提高对物件的认识。一般情况从下往上是腐蚀效果，从上往下是雨水冲刷产生的流迹。

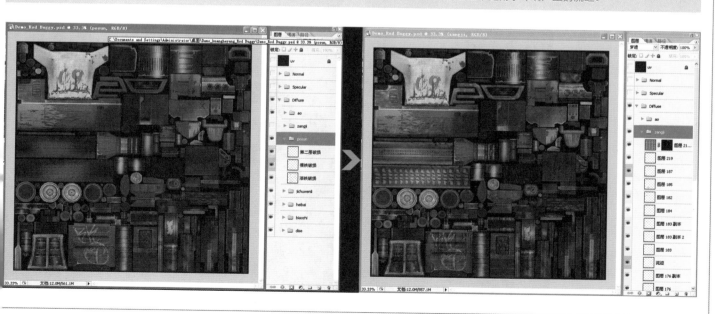

01 脏迹、灰尘，一般存在于凹槽、物体接缝处。因为这些地方一般触碰不到，所以灰尘在这些地方会堆积。

02 车身侧面的泥巴是由于轮胎高速旋转的时候甩起来的，所以在贴材质的时候要注意泥巴方向、多少。

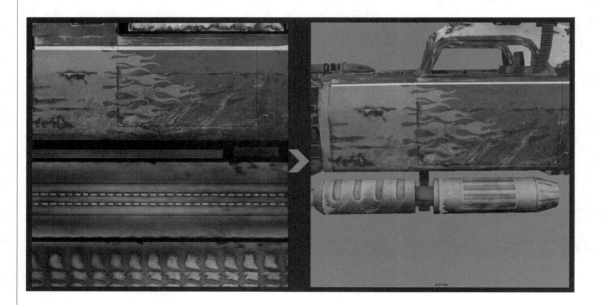

03 排气管由于被高温烧过之后，上面会有淡淡的彩色出现，这也是一块独有的特征。

04 一般在大的转折位置，结构的边缘都是磨损、划痕，而凹槽等碰触不到的地方就会产生灰尘、污渍。仔细观察发动机、排气管上的灰尘位置，这些地方都是有规律可循的，在生活中要多观察。

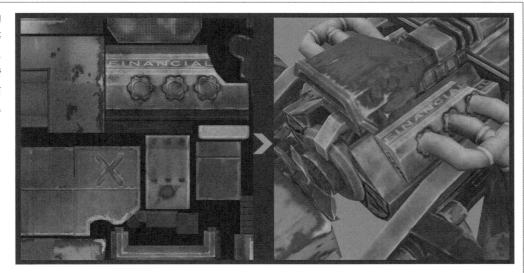

05 车前面的保护挡板，毕竟在最前面，又属于防撞类型的，所以做的时候相对于其他地方要做旧一些，还要有磕碰过的痕迹。在铺基础纹理的时候，纹理起伏大一些，破损也比其他地方多一些，脏迹、血迹都可以充分发挥。

　　高光贴图最能体现物体质感，因为它能使不同的材质区分开，更能加强其材质的质感。Specular 含义就是用于给物体增加高光，我们可以很快地通过颜色贴图和高光贴图确定一个区域是金属、橡胶或者木头等。

　　首先把颜色贴图复制一层，作为高光贴图的底色。高光贴图大的规律就是白色反光、黑色不反光。例如现在有金属、木头、皮革、泥土等几种材质，反光最强的是金属，其次是木头皮革，最后是泥土。换句话讲，高光贴图就是通过黑、白、灰来控制其材质的物理属性。

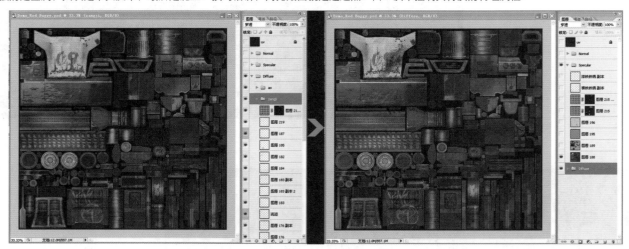

　　下图中的高光是没有经过任何处理的，只是用颜色贴图来去色，可以看到最基本的轮胎，和金属的高光处于同一个灰度。按理来说橡胶的反光要弱于金属的反光。这就是我们下一步要去调整的地方。

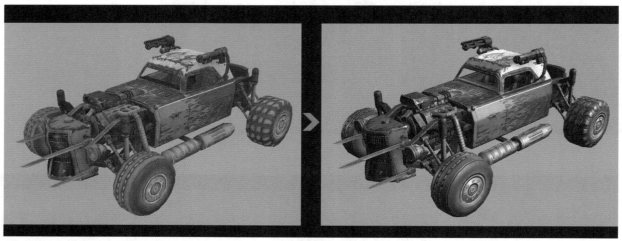

　　首先就是区分材质，拉开对比度。比如橡胶轮胎的反光要暗于金属部分，我们就要压暗那些区域。

下图左边的是没有进行调整的高光贴图，右边是调整过的。明显可以看到橡胶轮胎的反光弱了好多。

高光贴图可以是无颜色的，也可以是有颜色的，这个取决于项目要求。在高光上制作颜色，可以在模型迎着光的时候看到那层颜色，比如金属一般情况下泛冷光，可以给金属部分一层淡淡的冷色，锈迹脏迹部分可以泛点暖色，这样两者可以拉开对比。

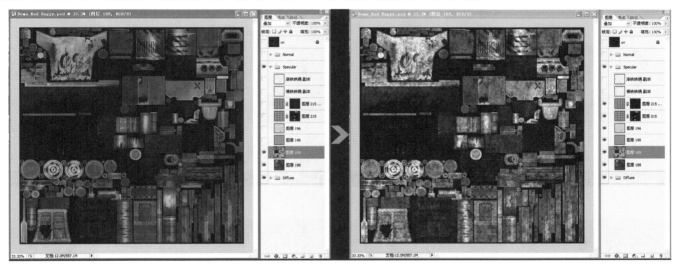

脏迹、锈迹、凹槽里面的灰尘等是不反光的。我们要做的就是将在绘制颜色贴图时加的那几层锈迹、脏迹的图层复制粘贴到高光这里，然后去色，因为不反光所以还要压暗。

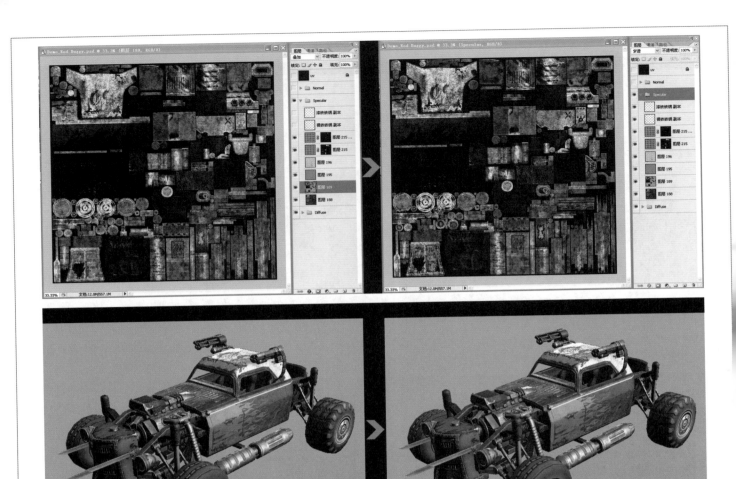

6.4　细节转法线

标志、刮痕、流迹都是有体积的，所以等一切处理完之后还要给这些细节加点厚度，转法线时还是要注意图层关系。强弱程度要自己去分析、去把握，比如漆铁的要厚一点、裸铁的薄一些。看下图的图层，分为漆铁破损和裸铁破损，前期的准备工作一定要做好，可以给后期处理的时候避免很多麻烦。

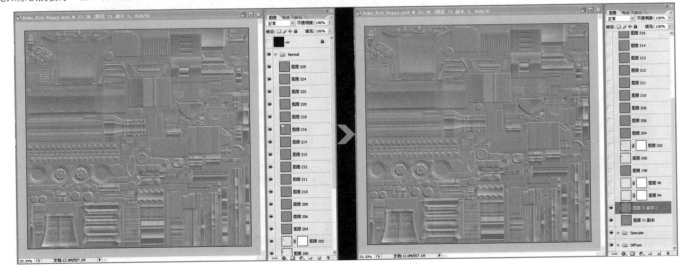

01 提取需要转细节法线的图层，然后赋予黑色背景，分开去转就好。要注意强弱对比关系，这些可以一边在 Photoshop 调整，一边在 Maya 及时看显示效果。在 Photoshop 中可以通过调节透明度来调整强弱。

02 然后使用滤镜 /NvidiaTools/NormalMapFilter 转法线。

03 转换后得到细节法线，与原来烘焙的法线叠加。

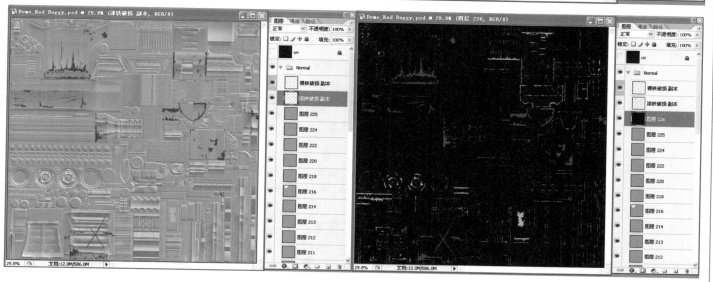

04 车顶的破损和标志是分开两次转的，转得厚度不一样，先后顺序也不一样。因为掉漆的地方，标志肯定也早磨没了。

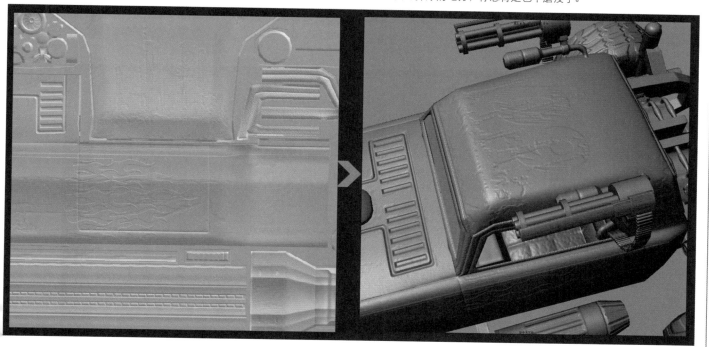

05 处理磨损边缘和发动机上的文字。这些文字可以在 Maya 中做出来、烘焙出来。也可以在 Photoshop 中通过转法线的方式转出来，效果是一样的。

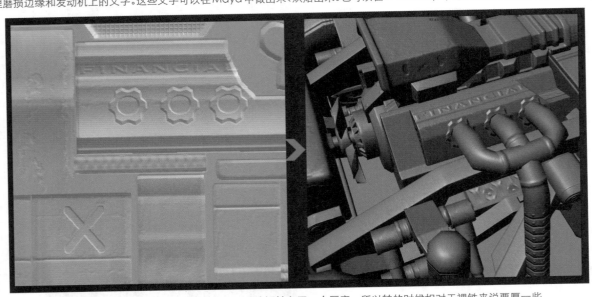

06 处理前面油箱的磨损、漆铁的磨损，因为上面有层油漆，比裸铁多了一个厚度，所以转的时候相对于裸铁来说要厚一些。

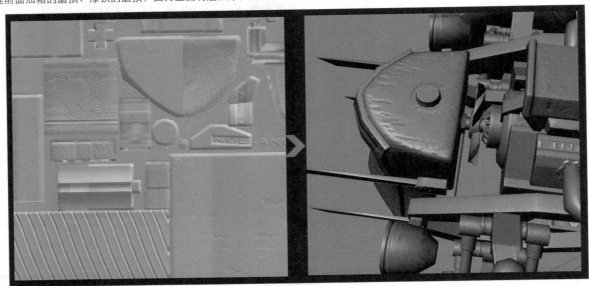

07 车头防撞挡板要做得厚重、结实一些。肌理要明显一些，转基础纹理、破损、脏迹、流迹、划痕、血迹等都要考虑到，只有这样才能充分做出旧的感觉，也才能对比出车身的新。

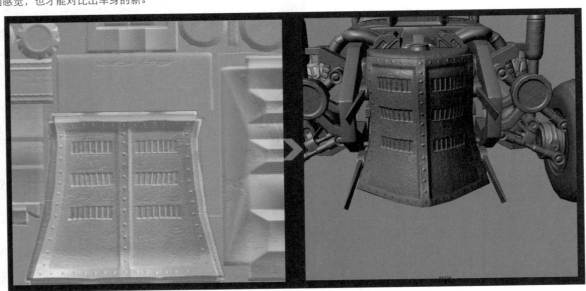

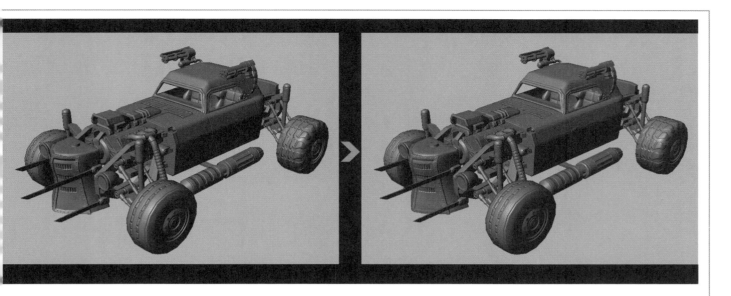

下图就是完成后的一个效果。

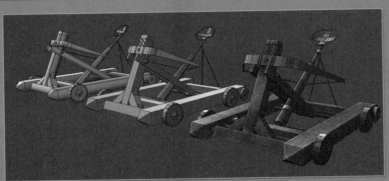

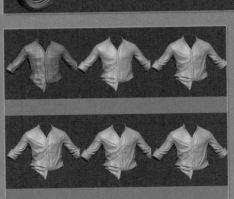

第 7 章　橡胶材质的体现

　　橡胶（Rubber）分为天然橡胶与合成橡胶两种。天然橡胶是从橡胶树、橡胶草等植物中提取胶质后加工制成；合成橡胶则由各种单体经聚合反应而得。

　　橡胶一词来源于印第安语 Cau-uchu，意为"流泪的树"。天然橡胶就是由三叶橡胶树割胶时流出的胶乳经凝固、干燥后制得。1770 年，英国化学家 J. 普里斯特利发现橡胶可用来擦去铅笔字迹，当时将这种用途的材料称为 Rubber，此词一直沿用至今。橡胶的分子链可以交联，交联后的橡胶受外力作用发生变形时，具有迅速复原的能力，并具有良好的物理力学性能和化学稳定性。橡胶是橡胶工业的基本原料，广泛用于制造轮胎、胶管、胶带、电缆及其他各种橡胶制品。

　　在游戏中，涉及橡胶最多的应该就是轮胎了，接下来我们就来分析制作轮胎实例，掌握橡胶材质的制作。

开始制作前先找好参考资料。

真实轮胎照片

7.1　橡胶材质模型（轮胎制作）　≪

赛车游戏中的轮胎

　　大型上轮子接近于圆柱形，在金属轮圈的地方会有一些变化，轮胎上最复杂的部分应该是轮胎上面的花纹，这部分也是我们讨论的重点，橡胶这种材质在生产的时候具有很高的可塑性，因此可以加工成各种形状，所以胎花各式各样，目的是增加轮胎和地面之间的摩擦力以及排水方面的考虑。下面开始制作。

01 先把长宽大小调整合适，以项目要求为准，段数改成合适的数量，这里我们改成 20 段。这个段数在后面制作低模的时候也要保持一致，因此既不能偏少（显得棱角明显）、又不能太多导致后面低模面数无法控制。

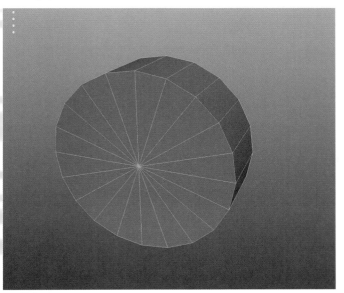

02 在圆柱中加条中线。通常轮胎胎面橡胶部分可以做成对称的，因此只要做一半就可以了。

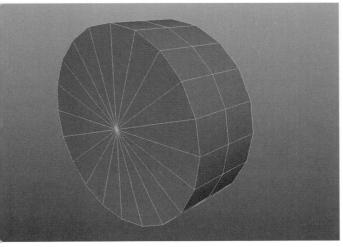

03 选中中间的面挤压。轮圈中间是金属部分，因此橡胶胎面中间是空的。

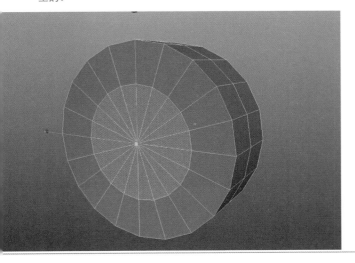

04 删掉不需要的部分。

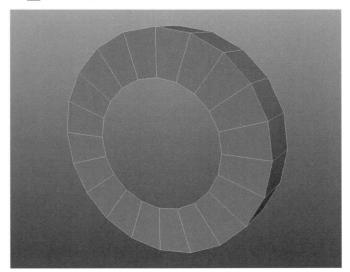

至此胎面的大型出来了，接下来我们开始制作胎花。

05 增加段数并调整形状。

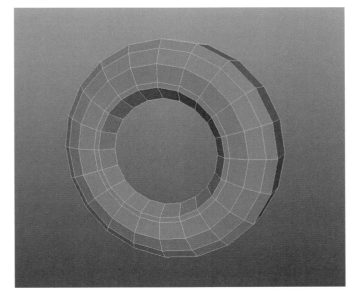

06 在需要保持形状的地方做倒角和压边，然后复制另外一半合并。

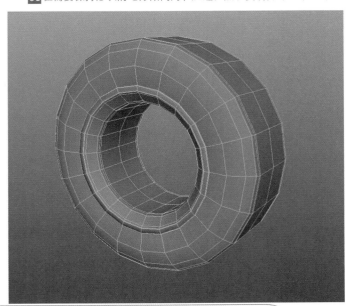

07 胎花采用"漂浮"的方法来做，这种方法不会影响胎体的布线，制作方便。首先做出一小块出来，形状根据胎体和参考图为准。

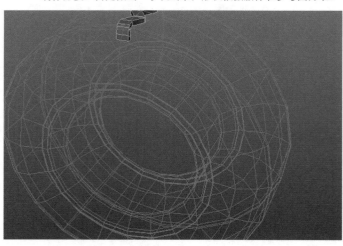

08 以轮胎的中心为旋转轴心，关联复制多个胎花，数量最好是轮胎段数的整数倍，这样在胎体的每一段内，胎花的数量和位置都是一致的，这里我们复制 59 个，这样每个胎花旋转间隔相距 6 度。

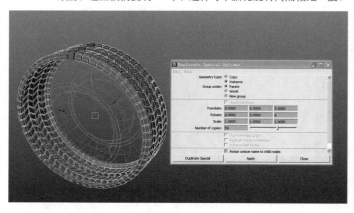

09 如果胎花太大或是太小可以调整原始的那个，其它胎花因为是关联复制可以跟着一起变化，细微调整到合适为止。然后给原始胎花压边卡线处理。

10 加上中间的钢圈（本节讨论的是橡胶部分，因此钢圈部分建模就不详述了）

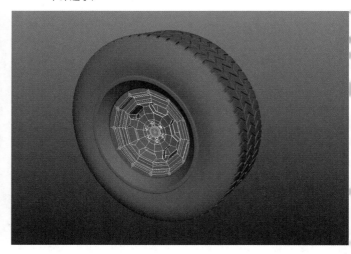

11 最后把各个部分 Smooth 一下，赋予一个 Blinn 材质，方便观察细节。

至此轮胎的高模就完成了。

12 接下来利用刚开始制作胎面的圆柱制作低模，低模尽量包裹高模，大小要合适。

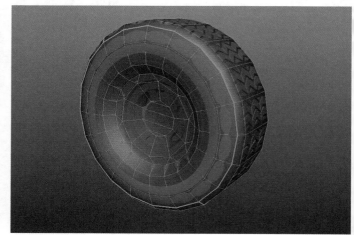

13 把低模分好 UV，这里单独分一张 UV，因此中间条状横面没有重叠 UV，如果项目为了节省 UV 空间，UV 是可以重叠的，轮胎内侧 UV 一般也可以缩小，另外注意接缝不要放在结构复杂的地方。

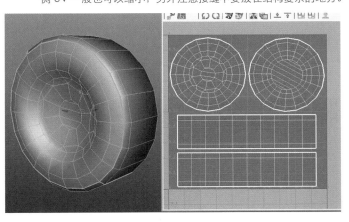

14 烘焙法线贴图。

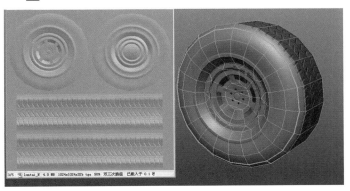

15 胎体上缺少细节，可以转法线增加图案，先做一张黑白图。

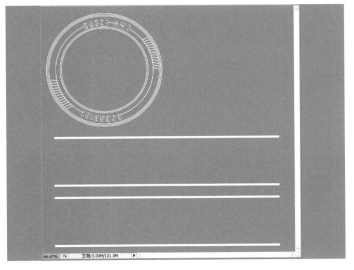

16 然后使用滤镜 /NvidiaTools/NormalMapFilter 转法线。

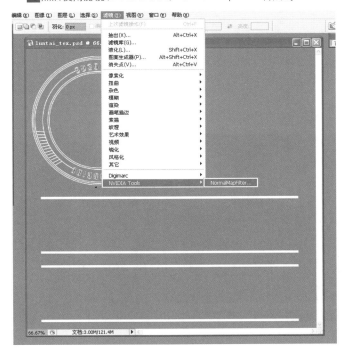

17 转换后得到细节法线，与原来烘焙的法线叠加。

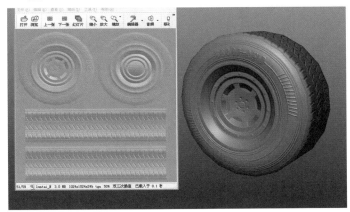

18 烘焙 AO。

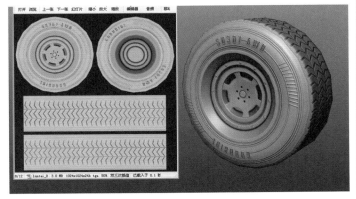

至此烘焙结束，接着开始制作贴图部分。

　　橡胶这种材质在生产的时候可以掺入各种颜色，因此橡胶材质的颜色是多种多样的，但是在制作轮胎的时候基本上都是黑色。另外橡胶的表面可以很光滑，也可以很粗糙，因此在制作的时候一定要根据需要，具体情况具体分析。

01 先根据不同部位的材质给一个底色。

02 根据橡胶和金属的特点给它们分别叠上各自的基础纹理。

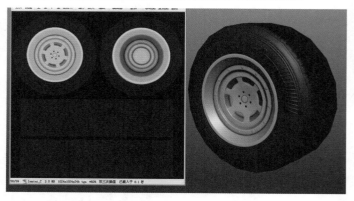

03 通常轮胎使用过后胎面上都会有一些破损和污渍，可以根据需要
　　增加这些元素。

04 首先在颜色贴图上画好破损。

05 把这些破损转换成 Normal 并与原来的 Normal 叠加。

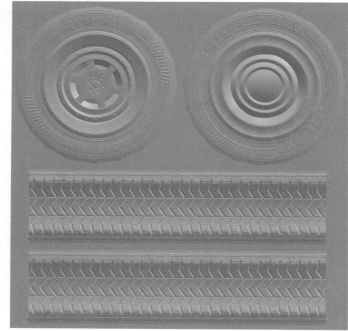

06 效果如图。

07 接下来画些污渍、泥灰。

08 效果如图。

至此颜色贴图完成，这个轮胎新旧程度适中，如果有需要，还可更进一步做旧。

现在没有高光贴图，各个部分的反光强度是一样的，接下来制作高光部分，对不同的材质做下区分。

7.3 橡胶材质的高光贴图 《

因为橡胶表面光滑程度的不同，橡胶材质表面的高光强弱也有变化。通常越光滑反光越强，但是再强也不会超过金属，一般橡胶高光强度和皮革比较接近，最弱也不会低于布料。另外由于表面上常常有污渍和破损，这些地方的高光通常会很弱。

01 首先把颜色贴图复制一层，作为高光贴图的底色。

这个时候橡胶和金属已经区分开了，但是反光的强度还需要调整，另外破损、泥灰和污渍这些地方的高光太强，是不符合常理的。

02 用曲线分别调整金属和橡胶的亮度，使它们各自趋向单色，降低对比度且两部分高光强度区分开。

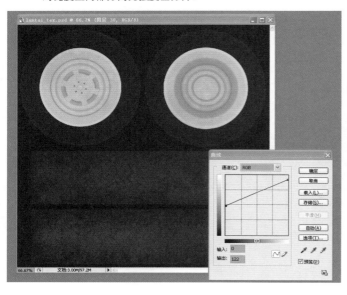

03 效果如下图。

04 把前面颜色贴图里制作的破损拿过来放到高光图层里，把这些地方压黑。

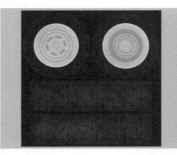

05 把颜色贴图中制作的污渍和 AO 图层也转移过来，压黑高光。

06 Maya 默认灯光下高质量显示效果。

07 Maya 打灯后开阴影的高质量显示效果。

以上就是整个轮胎橡胶材质的制作过程。虽然这个模型不复杂，但是想要做得逼真，制作过程中就必须尽可能多找参考，这样才能知道最终要做成什么样的效果，然后就要思考如何运用以前学到的知识和技巧，达成这样的效果，做到活学活用。

第 8 章　玻璃材质的体现

本章我们主要来讲玻璃在游戏中的材质表现。

玻璃：一种较为透明的固体物质，在熔融时形成连续网络结构，冷却过程中粘度逐渐增大并硬化而不结晶，是一种硅酸盐类非金属材料。玻璃在现代生活中使用非常普遍，从外墙窗户到室内屏风、门扇等，用来隔风透光，属于混合物。

大约在 4 世纪，罗马人开始把玻璃应用在门窗上。1688 年，一名叫纳夫的人发明了制作大块玻璃的工艺，从此，玻璃成了普通物品。

> 1851 年在伦敦海德的"水晶宫"展览会，是英国工业革命时期的代表性建筑。建筑面积约 7.4 万平方米，宽 408 英尺（约 124.4 米），长 1851 英尺（约 564 米），高三层，由英国园艺师 J·帕克斯顿按照当时建造的植物园温室和铁路站棚的方式设计，大部分为铁结构，外墙和屋面均为玻璃，整个建筑通体透明，宽敞明亮，故被誉为"水晶宫"。这是天才的杰作，当然在设计中也暴露了很多问题，毁于火灾。

玻璃大致分为两类：

- 普通平板玻璃（3CM～13CM），薄的用在日常生活中，厚的用在大面积但又有保护框架的造型中。
- 深加工玻璃：钢化玻璃、磨砂玻璃、彩色玻璃等。

在游戏中最基本的分为三类：

- 透明玻璃。
- 不透明玻璃。
- 通过调节材质球来控制玻璃属性的特殊玻璃。

下面我们就通过对不同类型的不同玻璃讲解其制作方法。

8.1　建筑物不透明玻璃 《《

在下图的游戏场景中，玻璃作为不可或缺的材质，以一种特殊形态存在。下图的玻璃属于不透明材质，玻璃要不要透明要看场景需不需要，比如玩家可以进入到建筑里面，这时候就需要把玻璃做透明了，如果玩家只能在街道行走，而不能进入建筑里面，这时候玻璃就没必要做透明。

下图是在生活中实拍的照片，大家可以看到如果是高楼大厦，玻璃就属于不太重要的那一块，这时候处理起来就方便多了。

下图的材质专门当窗户玻璃来用，不同的材质平常要多收集一些。

这种材质是直接可以拿来用的，这种材质的好处是没有大的光影关系，图片没有大的拉伸。如果在游戏中做为一个远景或者中景，不需要太多细节的时候直接贴在一个面上，转点法线处理下就好了。单独的窗户也可以提取出来单独用。

次世代游戏机械及场景制作

01 在游戏中，远景中的建筑都可以用一个面片来表现。

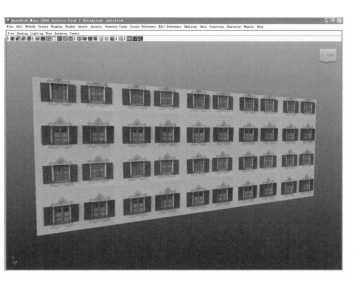

02 这是贴上材质之后的效果，建筑中的窗户玻璃本来就都是有规律的，这些可以当做一个无接缝的四方连续贴图来用。

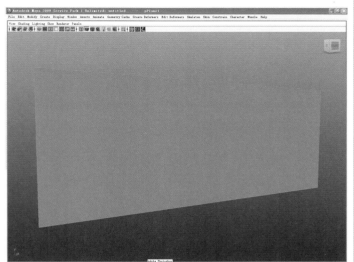

03 不同之处在于 UV，如果想要把 UV 都摆放在第一象限，可以把模型细分，UV 断开就可以摆在第一象限了。这时需要注意 UV 大小和位置。

注意游戏中玻璃的彩色应用。

学会应用各种材质。颜色、基础纹理、图案等。

比如教堂玻璃，底色给予一定的颜色，然后铺上特殊的纹理，叠加图案，或者绘画。

有时候可能由于某种原因，不用做驾驶舱内细节，这时候玻璃就不能做成透明的，如果做成透明的就露马脚了。这时我们就要巧妙的躲开这些问题。比如玻璃贴了膜，让其不透明，但其保留玻璃其他的属性，比如破碎、弹孔等效果。

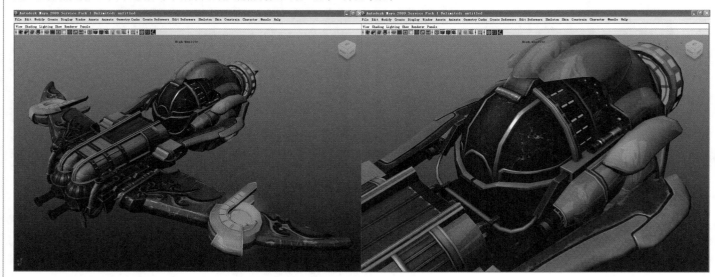

GAME798 学生：杨斯翔 机械作业

01 底色加了基础纹理的效果。

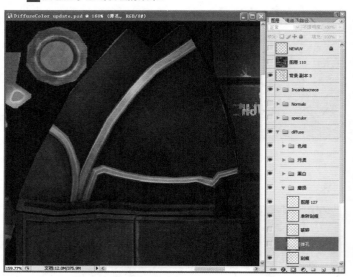

02 针对做玻璃破损的弹孔材质，平常要注意收集。

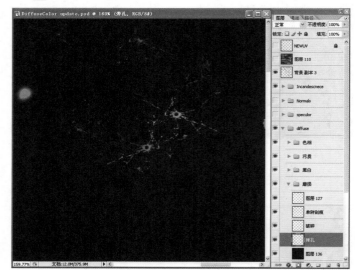

03 叠加之后的效果，叠加的大小、方式以及位置都要特别考虑。有时候要学会去处理材质。

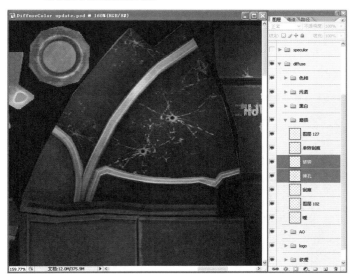

06 图层属性为"叠加"，然后处理蓝色通道。

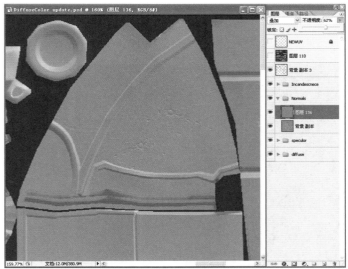

04 在颜色贴图上把弹痕复制一层提到法线贴图，准备转法线。

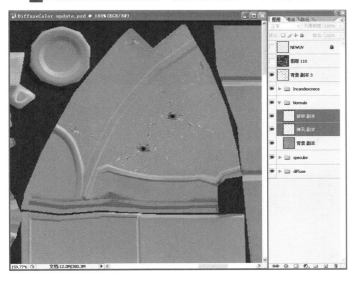

07 材质高光的制作。

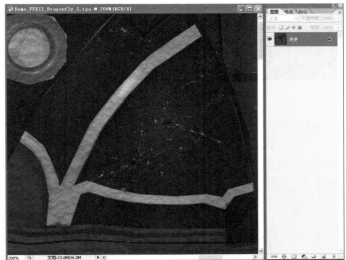

05 转完材质法线的效果。

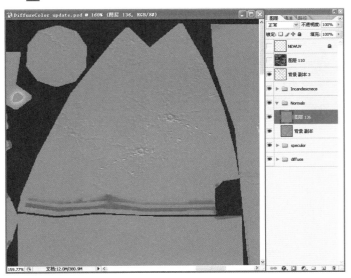

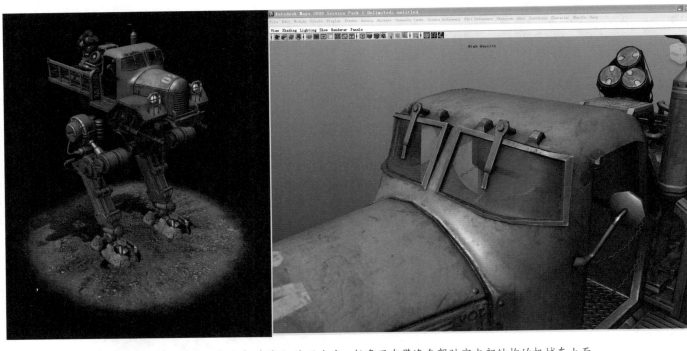

GAME798学生：雷洪 机械作业 透明玻璃一般多用在带汽车驾驶室内部结构的机械车上面

01 需要注意的地方：污渍、雨刷刷过的痕迹，雨刷甩开的泥迹，还有透明的位置。

02 铺基础底色，铺玻璃的固有色通常。

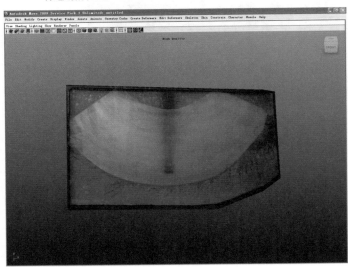

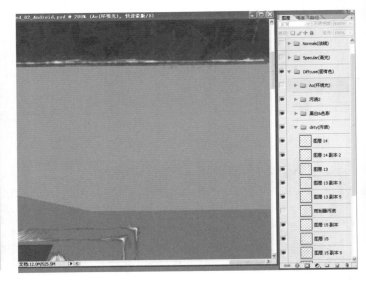

03 叠加 AO，要考虑是否做动画，如果做动画就要注意 AO 的影响，如果做静帧就没必要去注意了。如图为静帧。

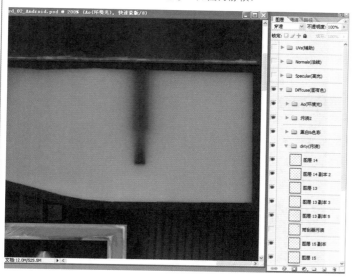

04 汽车玻璃的基础纹理不应该过于明显，就叠有点肌理感的材质就好。

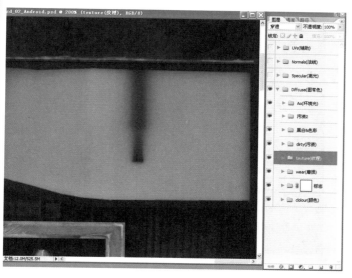

05 先找一张整体的脏迹。

06 只留下需要的地方，不需要的地方删除。

07 通过调节透明度、明度、色相把材质处理到合适的效果。然后抠出雨刷刷过的范围，在雨刷刷过的范围内，这层灰层应该更薄一些、露的底色多一些，也可以通过调节透明度来调节。

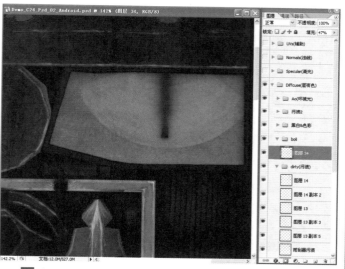

08 对于雨刷刷过的痕迹，做材质的时候要顺着雨刷的方向，找一张类似流迹的材质，按下 Ctrl+T 组合键，然后右键选择"变形"。

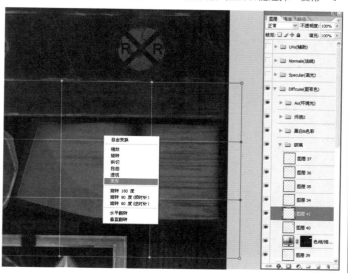

09 调节方向、位置、大小，注意和雨刷范围的外轮廓匹配，不要出现别扭的感觉。

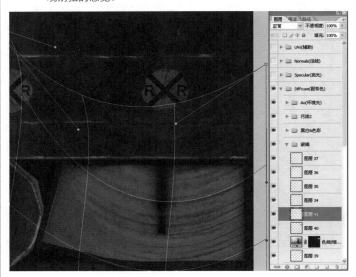

12 找一张泥点痕迹的贴图材质，同样操作。

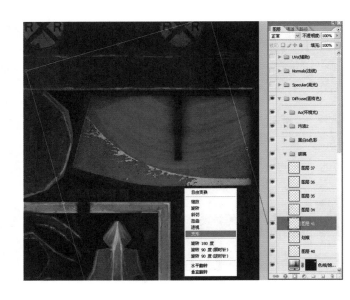

10 留下需要的材质，删除不需要的多余的材质。

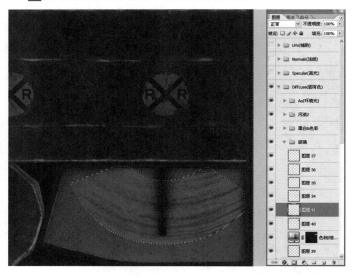

13 匹配雨刷痕迹，注意方向性和大小。

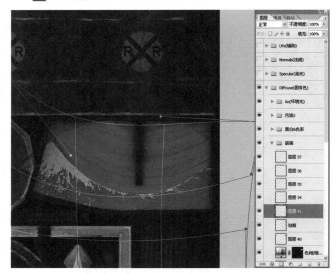

11 调整色相、透明度、明度，让其看起来更舒服一些。

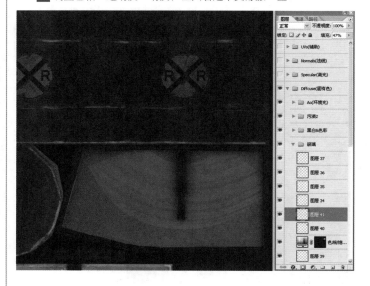

14 调节色相、饱和度、明度、透明度，让所有的材质融到一起。

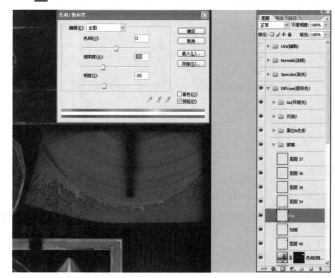

15 做完最基本的纹理阶段，要不断调整，从底色开始。

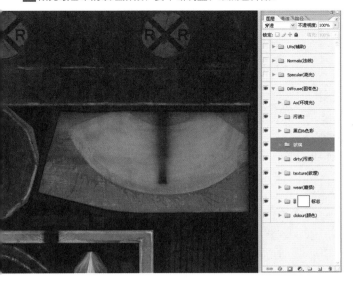

16 注意纹理强弱对比。

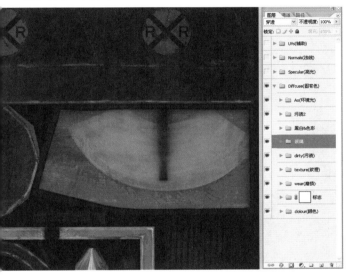

17 最后可以用蒙版继续调整，蒙版的好处是会记录你所调节过的属性。

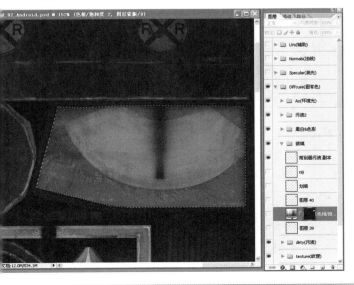

18 在 Maya 中显示效果，无光模式下，现在的玻璃还不是透明的。

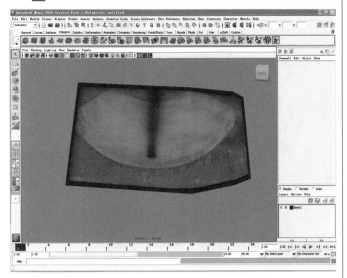

19 打开玻璃部分的通道，看到只有红绿蓝三个通道，要想让玻璃透明，我们要做一个透明通道。

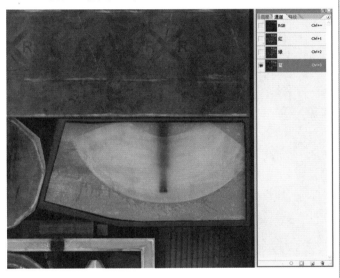

20 给选区玻璃的透明范围一个灰色，Alpha 通道最基本的规律就是"白透黑不透"，填充灰色就是半透明。

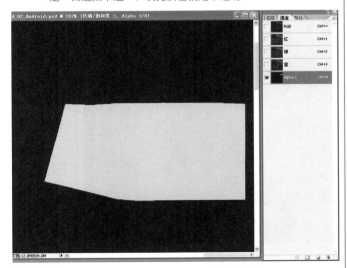

21 泥迹是不反光的，我们在材质贴图找到泥迹的位置，做出其选区。

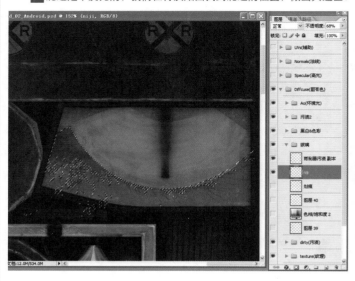

22 在 Alpha 通道中把这个区域填暗一些，让玻璃这一块变得不透明一些。

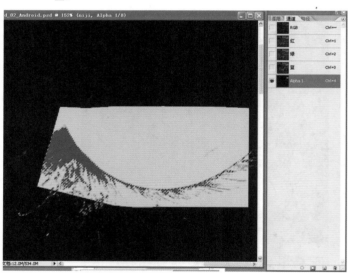

23 找出玻璃雨刷的范围痕迹。

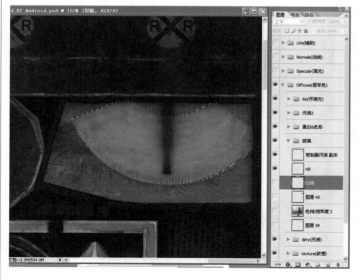

24 在玻璃雨刷范围内，因为经常被雨刷来回摩擦，相对于其他位置，这里会干净一些。在 Alpha 通道中这里偏亮，让其透明一些。

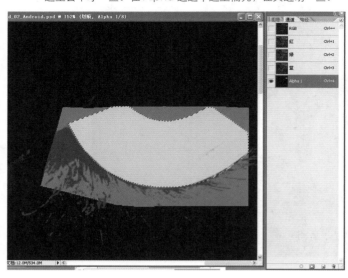

25 在材质那块找出雨刷刷过的痕迹贴图，做出选区。

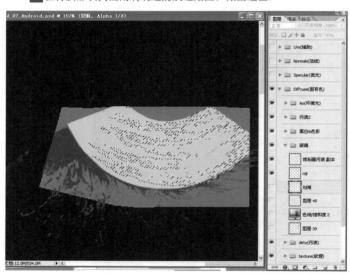

26 在 Alpha 通道中压暗一些，因为雨刷有的地方还刷得不是很干净，会留下痕迹，同样灰尘的透明度会低一些。

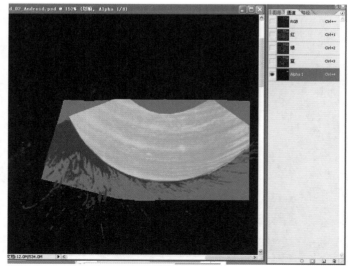

27 这样 Alpha 通道就做好了，大概的几个层次关系也出来了，什么地方透明度较高就亮一下，透明度低就暗一些。

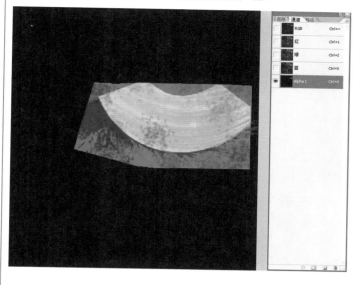

28 最后保存的时候注意是 32 位的，24 位的是不带 Alpha 通道的。

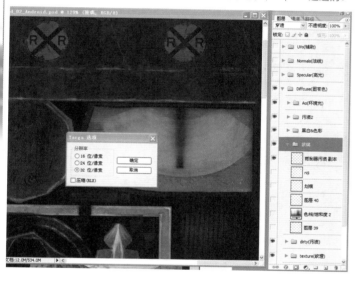

29 玻璃制作完成。

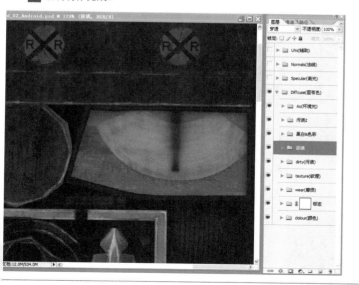

30 最后的效果。

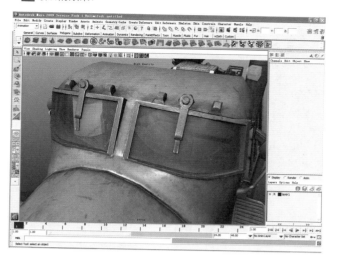

第二部分 高光贴图的制作

玻璃的高光贴图和其他地方是一样的，需要注意的也就是层次关系。灰尘不反光，玻璃反光强一些。

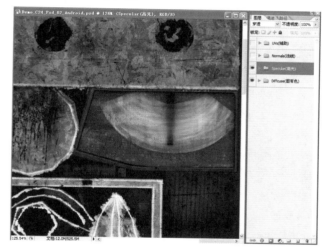

第三部分 细节转法线

玻璃的凹凸效果做得要比其他地方弱一些，只要淡淡转一些，或者只把重要的那层（甩开泥点）转一下，其他地方不转也可以，这就是一个度的把握。

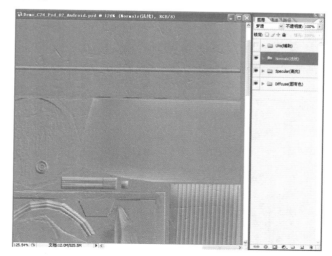

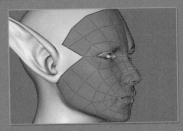

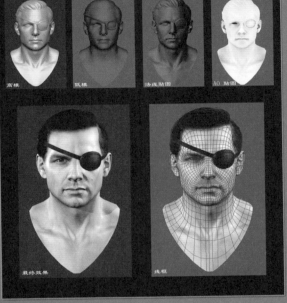

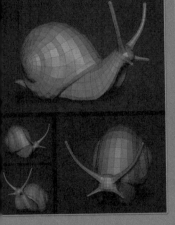

高模　　低模　　给线贴图　　AO 贴图

最终效果　　　　线框

ZBrush 是一款跨时代的软件，它能让艺术家无约束地创作。它的出现完全颠覆了传统三维设计的工作模式，解放了双手和思维，告别过去那种依靠鼠标和参数来笨拙创作的模式，完全尊重设计师的创作灵感和传统工作习惯。

设计师可以更加自由地制作自己的模型，并且可以使用更加细腻的笔刷塑造出例如皱纹、发丝、青春痘、雀斑之类的细节，并且将这些复杂的细节导出成法线贴图或置换贴图，让几乎所有的大型三维软件（Maya、3dsMax、Softimage | Xsi、Lightwave）都可以识别和应用。

ZBrush 能够应用在目前 CG 行业的各个方面，无论是游戏制作、影视特效、动画美术等等。像我们非常熟悉的有电影阿凡达，PS3 次世代游戏战争机器等，其中的角色建模都用到了 ZBrush。

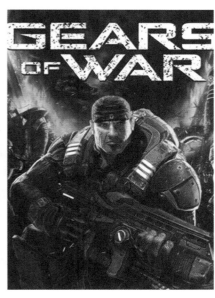

本章先来了解一下 ZBrush 的基本操作，然后下一章开始通过硬性和柔性物体的案例来深入 ZBrush 雕刻的操作流程。

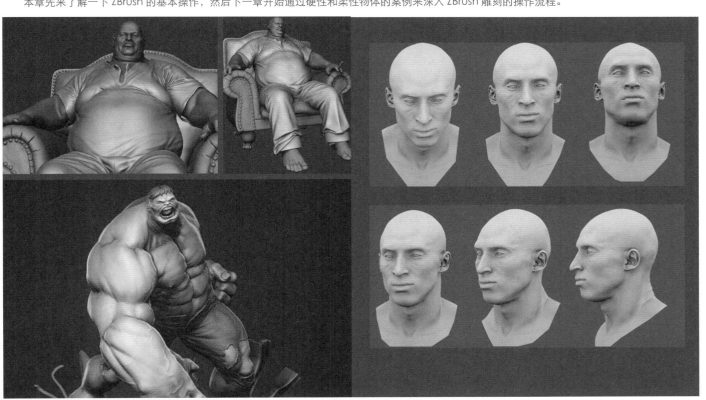

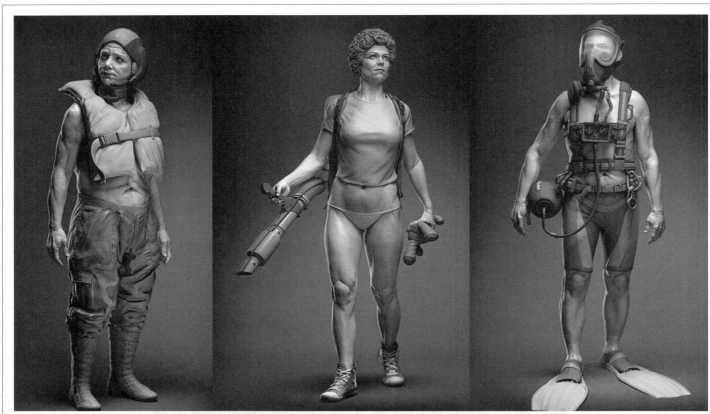

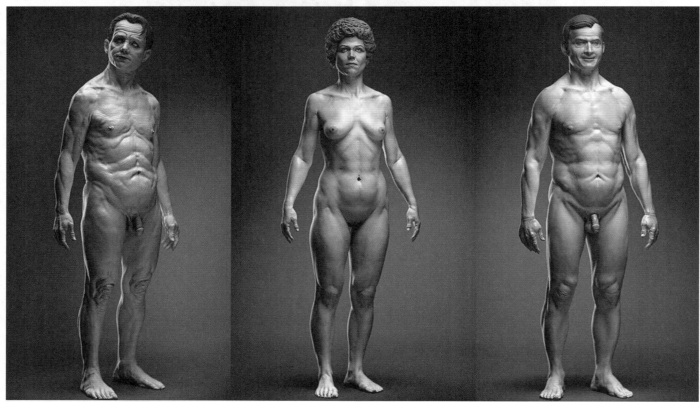

次世代游戏机械及场景制作

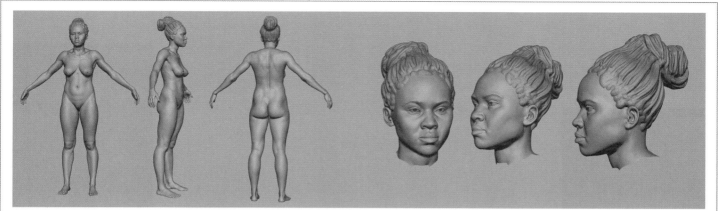

下面以 ZBrush.4R2 为例来介绍软件的基础操作。

来看一下界面。

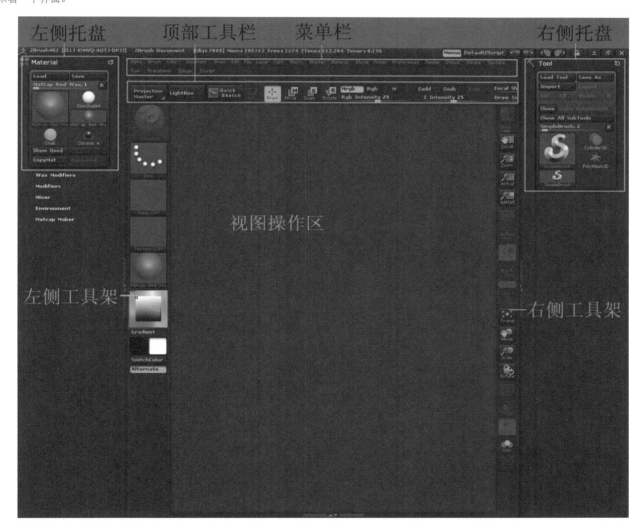

9.1 菜单系统 《《

ZBrush 的菜单栏位于标题栏下方，和一些常规的三维软件不同，ZBrush 菜单是按照首字母顺序进行排列的，第一个菜单项是 Alpha，最后一个是 Zscript（Z 脚本）。

Alpha Brush Color Document Draw Edit File Layer Light Macro Marker Material Movie Picker Preferences Render Stencil Stroke Texture Tool Transform Zplugin Zscript

1. 调板操作

ZBrush 的菜单也叫做调板，单击可以打开调板，将鼠标移开可以关闭调板。在大多数情况下，单击调板中的项，不会关闭调板，但在少数情况下也会关闭调板。菜单栏中的各个调板的功能各不相同，为了操作方便，可以对调板进行位置上的调整，单击调板左侧的 ⟳ 图标，默认将停靠在右侧的托盘上，如右图中按钮所示

或者选择 ⟳ 图标，当其变为 ✛ 图标，也可以将其停靠在左侧托盘上，使用同样的方法可以对菜单栏的其他调板进行放置。而有时调板过长，可以用鼠标在调板边缘上上下拖动，以便使调板参数显示得更多，如左图所示。

2. 菜单功能

接下来我们对菜单功能进行概括介绍，如下表所示，可以在具体操作中逐步学习各个菜单栏的应用。ZBrush 中提供了在线帮助，按 Ctrl 键将鼠标移动到调板参数上，可以看到具体参数的介绍。

Alpha	包括所有笔刷和笔刷的控制参数。
Brush（笔刷）	包括所有笔刷和笔刷的控制参数。
Color（颜色）	可以选择颜色，可以将颜色填充到模型、画布上等。
Document（文档）	可以定义画布的大小与背景颜色等操作。
Draw（绘制）	可以设置笔刷对表面的影响，包括笔刷大小、强度、叠加方式等，还可以设置相机透视的角度与地平线网格的显示等。
Edit（编辑）	包括撤销上一步操作和重做上一步操作选项。
Layer（层）	与3D雕刻层不同，该调板主要用来创建和设置文档的图层。
Light（灯光）	用来创建灯光并对光照效果进行调节。
Macro（宏）	为了方便操作，可以将常用的操作记录为宏。
Marker（标记）	用来记录物体的位置、方向、颜色、法线、纹理等属性，可以返回。
Material（材质）	用来设置模型的材质，以便产生不同的质感。
Movie（影片）	允许用户将在ZBrush中的操作录制成视频，也可以打开其他视频，还可以让模型旋转。
Picker（拾取）	该调板用来控制笔刷的笔划与画布中元素的方向、深度、颜色等相互影响。
Preferences（首选项）	用来设置ZBrush，包括自定义界面、内存设置以及快捷键的指定操作等。
Render（渲染）	用来渲染场景并显示渲染的效果，可以制作雾效与景深效果。
Stencil（模板）	可以将Alpha转换为模板，然后绘制高精度的细节。
Stroke（笔画）	选择不同的笔划，并配合Alpha与笔刷，可以绘制出不同的效果。
Texture（纹理）	可以导入或者导出纹理，并可以将纹理转换为Alpha。
Tool（工具）	工具调板在ZBrush中比较重要，也比较复杂，在后续讲解中逐步介绍。
Transform（变换）	该调板可以对物体进行变换操作。
Zoom（缩放）	显示画布部分放大图，在介绍右侧工具架时会详细讲解。
Zplugin（插件）	可以使用加载到ZBrush中的插件。
Zscript（脚本）	通过ZBrush脚本的编写，可以为ZBrush添加新的功能。

ZBrush 的工具架位于画布的四周，包括顶部工具架、左侧工具架、右侧工具架。

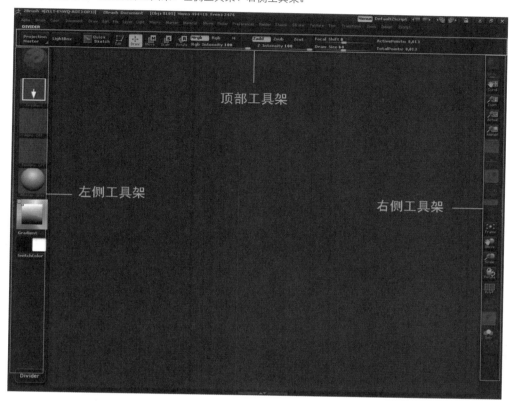

1. 顶部工具栏

顶部工具架放置的是 ZBrush 比较常用的工具，可以进行编辑模式的切换，还有与绘制操作相关的一些参数设置，包括笔刷的大小、强度、绘制方式等。

- **Projection Master（投影大师）**：通过投影大师可以使用2.5D笔刷在模型上绘制细节与纹理贴图。

- **Light Box（灯光盒子）**：Light Box（灯光盒子）可以显示安装在ZBrush根目录下的工具、文档、Alpha等。

- **Quick Sketch（素描）**：单击Quick Sketch（素描）按钮可以进行2D绘制。

- **Edit（编辑）**：只有进入Edit（编辑）模式，才能对物体进行3D的雕刻与绘制，快捷键为T，没有激活Edit（编辑）模式，将进入ZBrush特有的Pixol（2.5D）模式，Pixol是带有颜色信息、深度以及材质信息的像素，所以在2.5D模式下可以绘制颜色、材质、深度，但是不能对模型进行操作。

- **Draw（绘制）**：单击Draw（绘制）按钮将进入绘制模式，如果不是在Edit（编辑）模式，在画布每拖曳一次鼠标，都可以直接在画布上以实例模式添加一个Tool（工具），如果在Edit（编辑）模式下，可以对物体表面进行绘制，快捷键是Q。

- **Move（移动）**：在Edit（编辑）模式下，Move（移动）工具可以对模型进行姿态的调节或者移动，快捷键为W。使用Move（移动）工具需要了解变位线的使用，右图介绍了Move（移动）工具的使用。

- **Scale（缩放）**：Scale（缩放）也是变换工具，使用方法与Move（移动）工具类似，快捷键是E。

按住变为线中间的圆，当圆圈变为白色时可在画布上平移模型

按住变为线两端的圆，配合Shift键可改变模型形状

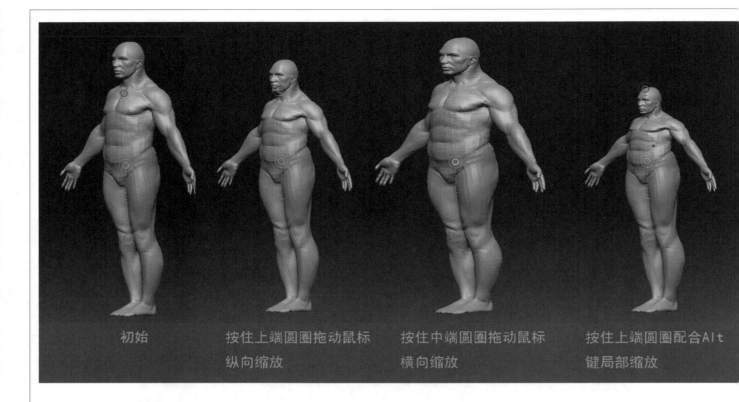

初始 | 按住上端圆圈拖动鼠标 纵向缩放 | 按住中端圆圈拖动鼠标 横向缩放 | 按住上端圆圈配合Alt 键局部缩放

- **Rotate（旋转）**：Rotate（旋转）工具的使用方法如图所示，快捷键为R。

初始 | 按住一端圆圈，以另一端点为中 心旋转 | 按住中间圆，拖动鼠标以自身为 中心旋转

- **Mrgb/Rgb/M（材质与颜色/颜色/材质）**：配合2.5D笔刷可以在模型上绘制材质颜色、颜色与材质信息。

在为模型绘制材质或者颜色信息时，需要将 Zadd（添加）、Zsub（相减）与 Zcut（切割）按钮关闭，这样才不会在模型上绘制深度，通过 Rgb Intensity（颜色强度）参数可以设置笔刷绘制颜色的强弱。

- **Zadd/Zsub/Zcut（添加/相减/切割）模式**：在2.5D模式下，使用Zadd（添加）模式进行雕刻将在模型表面进行元素的叠加，使用Zsub （相减）模式是模型除了将与元素相交的部分减去外，在相交部分之前的模型部分也需要减掉。可以使用Alt键，将切换到Zsub（相减）模 式。Zcut（切割）模式与Zsub（相减）模式类似，但与之不同的是模型只是将元素与其相交的部分减掉，类似布尔运算的差集。在3D模式 下，只有Zadd（添加）模式与Zsub（相减）可用，用笔刷可以为模型制作拉起或者内推的效果。

- **Zintensity（强度）**：用来控制笔刷绘制的强弱，快捷键为U。

- **Focal Shift（焦点位移）**：用来控制笔刷从中心到边缘的衰减，快捷键为O。

- **Draw Size（绘制大小）**：用来控制笔刷的大小，快捷键为S，使用［与］键可以使笔刷大小以10个像素大小进行递增或者递减。

- **ActivePoints/TotalPoints（激活点数/总点数）**：用来显示场景中模型激活的点数和总点数。

2. 左侧工具架

　　左侧工具架主要用来放置笔刷、笔划、Alpha、纹理、材质、颜色工具，这些工具在ZBrush中菜单栏中都有，为了操作方便将其集成在左侧工具架中。

- **笔刷**：单击笔刷图标可以打开3D雕刻笔刷列表。模型只有处于编辑状态，该图标才可用。

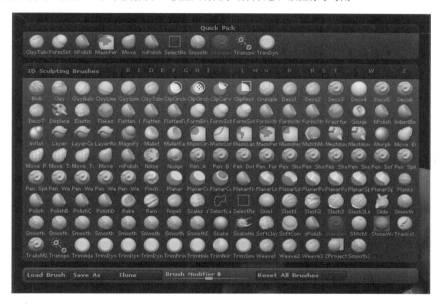

- **笔划**：笔划可以设置鼠标在ZBrush中不同的操作效果，单击笔划图标将会弹出笔划列表，比较常用笔划是Freehand（手绘）、DragRect（拖拉矩形）、DragDot（拖拉点）、Spray（喷射），Freehand（手绘）笔划可以绘制连贯的笔刷效果，DragRect（拖拉矩形）与DragDot（拖拉点）笔划效果类似，单击并拖动鼠标来进行放置，但是不同的是DragDot（拖拉点）不能旋转和缩放。Spray（喷射）笔划可以绘制纹理效果。

- **Alpha**：Alpha是16位的灰度图像，在ZBrush中起到比较重要的作用，一般在完成模型的大体结构后，一些微小的细节可以使用Alpha工具来完成。再配合ZBrush中的Stroke（笔划）和Brush（笔刷）工具可以绘制一些笔刷形状、纹理图章等，在制作角色皮肤的一些细节（如毛孔等），就可以使用Alpha工具来完成。

- **Texture（纹理）**：ZBrush提供了大量的Texture（纹理）纹理贴图，如下图所示，可以为模型导入外部的贴图，或者制作新的纹理贴图。

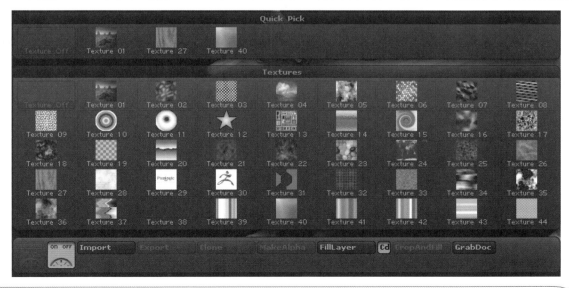

- **取色器**：在取色器外圈可以选择色调，在内圈可以选择饱和度，在菜单栏中选择Color（颜色）调板也可以对颜色进行调整，Color（颜色）调板还提供了RGB选择模式，按住C键可以从ZBrush画布与界面拾取颜色信息。

- **次／主颜色**：主颜色显示的是正在使用的颜色，次颜色显示的是备用颜色，这个功能与Photoshop的前景色与背景色功能类似。

- **Gradient（渐变）**：按下该按钮在绘制多边形表面颜色时，可以在主颜色与次颜色之间创建一个渐变色。

- **SwitchColor（颜色切换）**：可以将主次颜色进行交换。

3. 右侧工具架

右侧工具架主要包含与视图操作和显示有关的工具，如右图所示。

- **BPR（渲染）**：ZBrush4.0以后加入的功能，可以渲染出一些简单的（如玻璃）效果。

- **Scroll／Zoom（平移／缩放）**：单击这两个按钮，可以对画布进行平移与缩放的操作。缩放画布的快捷键是"+"与"-"。

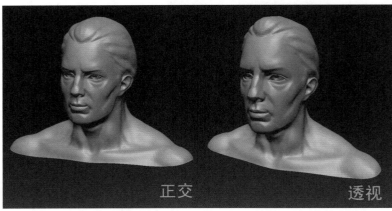

- **L.Sym（局部对称）**：该工具是针对于SubTool（次物体）工具而言的，当一个次物体离开主体对称中心，对其进行雕刻操作时，系统还会以以前的对称中心进行操作，而打开L.Sym（局部对称）图标，将以次物体自身为对称中心进行操作，如右图所示。

- **XYZ轴旋转**：打开该图标，物体的旋转将不会受到约束，可以在XYZ轴任意方向进行旋转，也可以选择旋转轴，如其下方的两个按钮，绕Z、Y轴旋转。

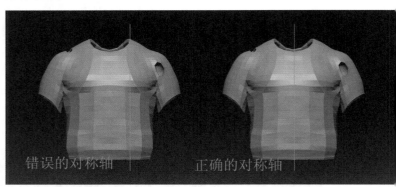

- **Actual／AAHalf（实际尺寸／减半尺寸）**：单击这两个按钮，画布将以原始尺寸和画布实际一半尺寸显示，后者抗锯齿显示，比较平滑，但是速度比较慢。快捷键分别为0（数字）与Ctrl+0（数字）。

- **Persp（透视）**：单击该图标，3D物体将以透视模式显示，如左图所示。

- **Floor（栅格）**：单击该图标可以打开栅格，其图标的上方有X、Y、Z轴向，可以选择开启哪个轴向的栅格。

- **Local（局部变换）**：系统默认以选择的几何体中心进行旋转，当按下该图标时，将绕上一次编辑的位置进行旋转。

- **Frame（填充网格到画布）**：打开该图标，可以使模型填充到画布中，在画布中心显示，快捷键为F。

- **Move／Scale／Rotate（移动／缩放／旋转）**：这三个工具分别可以移动、缩放和旋转物体。按住Alt键并配合鼠标左键可以进行移动操作，释放Alt键可以进行缩放操作。

- **PolyF（多边形线框）**：单击该图标，物体的网格将显示出来，便于观察模型结构，如右图所示。

- **Transp（透明）**：打开该图标，当前选择的次物体将透过其他次物体可见，可以看到被遮挡的部位，便于对位与细节的操作，如左图所示。

- **Ghost（幻影）**：与Transp（透明）工具相反，打开该图标，未选择的次物体将透明显示。

- **Solo（隐藏或显示）**：先选中一个子物体，按下按钮，则除该物体外，其他物体被隐藏，再按下按钮则显示所有的物体。

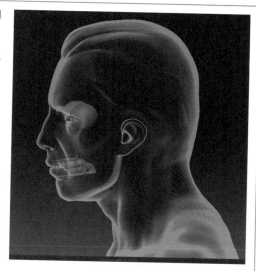

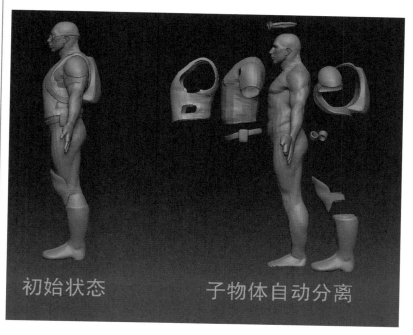

- **Xpose（子物体分离）**：非常有意思的一个功能，如下图，按下Xpose按钮，程序会自动将子物体分开，再按下则会回到初始状态。

4. 左右两侧托盘

ZBrush的托盘可以分为左侧托盘与右侧托盘，系统默认标准界面只显示右侧托盘，可以单击画布左侧的双箭头，将左侧托盘也显示出来。ZBrush的托盘是用来放置ZBrush的调板，可以自定义将调板放置在托盘中，在介绍调板与工具架时已经介绍。要将调板从托盘中移除，只要选择 图标，当其变为 图标，用鼠标拖曳调板，就可以将其从托盘中移除。如果托盘中的调板过多，可以用鼠标上下拖动托盘来显示更多的调板，或者单击调板的名称可以将调板折叠，使用Shift键单击调板名称，可以将所有调板都折叠或者显示。

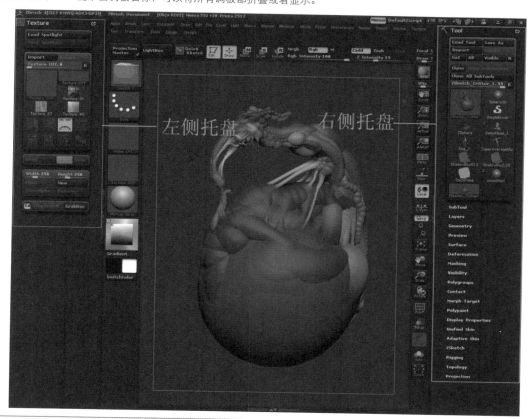

5. 视图操作区

在视图操作区可以对物体进行雕刻与编辑，与其他三维软件不同，ZBrush默认只提供了一个视图，而且还没有显示坐标，这是由于ZBrush就有2.5D特性，可以配合右侧工具架的工具对画布进行操作。

10.1　硬性物体

由类似铜、铝、铁、玉石、大理石等硬物质组成。日常生活中有很多硬性物体，在次世代游戏制作当中，通常要做一些诸如宝剑、盾牌，或是古典图案、花纹，这些复杂的花纹如果全部在 Maya 中建模，会非常吃力。

右图中所示的花纹图案，如果是 CG 类的项目也有可能会让用 Maya 建模出来，建模出来的好处是面数不高，可以拿去渲染、可以做动画，但是得消耗大量的时间和精力。当然也可以用法线贴图或是置换贴图来还原高模信息，用哪种方法视项目要求而定。

在次世代的游戏流程当中，像上图所示的这种花纹图案可以用转法线的方法转出来贴到低模上面，也可以用 ZBrush 雕刻出来，然后烘焙法线贴图贴到低模上面。用 ZB 雕刻最大的一个好处是时间快、效率高，容易看到效果。

什么时候用贴图转法线，什么时候用 ZBrush 去雕刻，要视时间和质量而定。一般来讲，结构起伏不大的、较浅的花纹图案可以用转法线的方法来实现；起伏较大、结构较明显的，用图片转出来的效果不太好，或者要做高模展示的，可以用 ZBrush 实际雕刻出来。

上图中皮革上的花纹纹路，如果也让 Maya 或是 3ds Max 中做出来，自己问一下自己有清晰的建模思路么？

类似于右图中盾牌上面的那种花纹图案，该怎么做呢。有的人可能会去转法线，贴到低模上。对，按次世代游戏流程的话，完全可以这么做。但如果客户一定要求在高模上面做出来呢？因为当物体的纵深信息达到一定程度的时候，用图片去转法线效果就会差很多。像下图的浮雕效果，法线转出来的效果不会很好。

像这种浮雕效果是不是让你有无从下手的感觉？因为从传统的建模方式（开始拉出一个 box，然后劈线，移动点线面调整形状），要想做出上图中的那种效果，的确很难。

在一般的游戏公司当中，如果是纯手绘网游类型的，那么上图这种花纹都会用贴图画出来。但如果是次世代游戏的项目，不管是外包还是原创，像这种花纹会要求用 ZBrush 雕刻出来。有些公司里角色设计和场景道具设计会分开，如果是做角色的，如左下图所示的那种角色的盔甲花纹要雕刻出来；做场景的，如右下图所示的那种石柱上面的祥云图案也会要求用 ZBrush 雕刻出来。所以不管从事哪方面的美术工作，都应该掌握怎样用 ZBrush 去雕刻硬性物体。

在 ZBrush 中有很多雕刻硬物体的笔刷和方法技巧，掌握以后，像上面提到的诸如花纹、浮雕的效果，就会非常容易。下面为大家介绍一些 ZBrush 雕硬性物体的技巧和方法以及笔刷。

- **Clay Buildup笔刷**：这个笔刷在刷硬物体的时候经常会用到，配合一个Brushalpha就能把物体的体积感塑造出来。因为这个笔刷刷东西很容易就能出效果，如果刷过头了，那么配合可以Shift键让物体光滑一些，然后再刷。反复不断，就能非常轻松地达到我们想要的效果。

- **Dam_Standard笔刷**：这个笔刷在雕刻物体硬边的时候非常好用，它自带一个非常尖锐的Brushalpha，能把之前刷软或是刷模糊的物体刷硬。

- **TrimDynamic笔刷**：将物体刷平的笔刷，在遇到凹凸不平，或是想在某个地方刷平整的，就用这个笔刷。

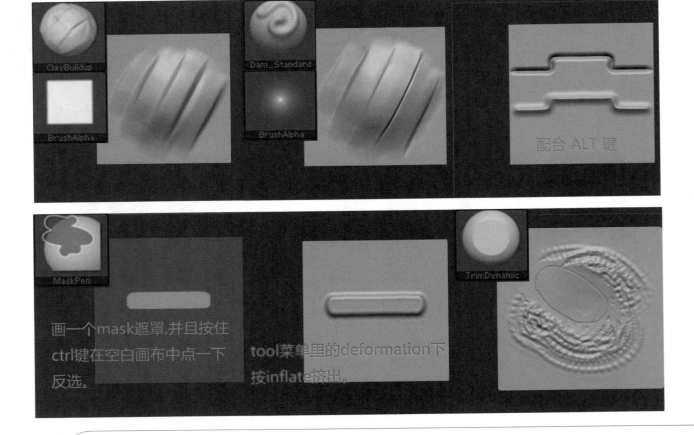

【狮王盾】

03 用这种方法也可以配合 Mask 画一个遮罩。比如想把中间结构突出来些的话，先画一个遮罩，然后用 Move 工具一拉就可以了。

01 首先在 Transform 面板里改动一下设置，Activate Symmetry 选项打开，并且把下面的 R 选项也打开，R 代表环绕，后面那个数值代表笔刷个数。用这种方法也可以做出类似于圆形灯台的效果，只要是环形结构的，都能这样来雕刻。

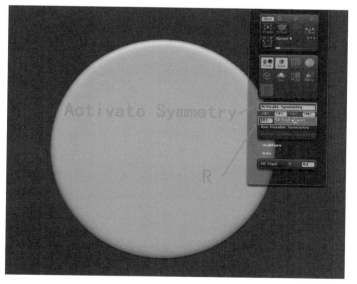

04 然后用上面介绍过的 Clay Buildup 笔刷一层一层地刷出狮头的形状，如果刷过头了，可以按住 Shift 键 Smooth 一下。要注意的是除了在雕刻中要分清结构外，还要注意要雕刻出物体的厚重感。

02 稍作改动后，可以看到出现了一圈红色的环形笔刷，用 Dam_Standard 配合 Alt 键，做一个凹进去和凸起来的变化，如图所示圆形中间凹进去的结构就是这样雕刻出来的，很方便，不用去Maya 里建模。如果你想在边上雕刻许多小花纹、小结构也可以用这样的方法。

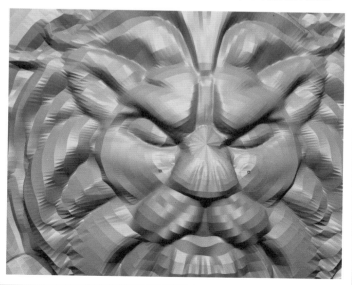

05 我们在 ZBrush 中雕刻物体的时候，不能只是看到正面，更多的时候要看下诸如侧面的形状是不是达到预期效果。比如这个狮王盾牌，它中间的结构应该是突出来的，在雕刻的时候千万不能忽略掉。只雕刻正面的话，形体感会差很多，厚度出不来，立体感没有了。

08 把 Maya 中做好的刀身导入到 ZBrush 中，在刀身上雕刻出花纹细节。这种细节和之前雕刻狮头的流程是一样的，可以先用 Mask 刷好形状再挤出，或是用 Clay Buildup 笔刷加 Dam_Standard 笔刷相互配合来雕刻。

06 如图所示的这种尖锐结构，可以用之前介绍过的 Dam_Standard 笔刷配合 Lazy Mouse 非常快速地就能把物体边缘处的结构给刷硬了。这个笔刷默认效果是凹下去的，如果想刷出有棱有角的那种很尖锐的感觉，可以配合 Alt 键来刷，就能把物体结构刷硬了。

07 像这种刀身的制作我们还是放在 Maya 里面建模，用传统的劈线方法做出来。

09 在雕刻这种结构转折的地方，也可以用 Mask 的方法，画一个结构出来，然后通过 Inflate 命令把这个结构挤出来就可以了。

虽然 ZBrush 里也可以硬表面建模，但那种方法有个弊端，就是模型面数会很高，而且细分的历史没有了，做自己的作品还可以，如果是在项目流程当中把历史删掉了，这将会是一个很大的隐患，如果有修改的反馈意见过来，没有历史就不好修改。

10 最后在一些小结构上面做出破损的感觉，让盾牌看起来更加的真
实，可信。

10.2　柔性物体 《

　　和硬性物体不同的地方是，其外形组成
部分通常比较光滑、富有弹性，没有棱角分
明的形体结构，看起来很柔软。

　　在 ZBrush 中雕刻这类柔性物体的
时候，流程上其实和一般雕刻没有
两样，都是低级别中做大型体，在
高级别中雕细节。唯一一个需要特
别注意的是，在雕刻这种软软的富
有弹性的物体的时候，经常会用到
Lnflat 这个笔刷，也可以叫它膨胀笔
刷。顾名思义，这个膨胀笔刷很容
易雕刻出那种富有弹性的结构。

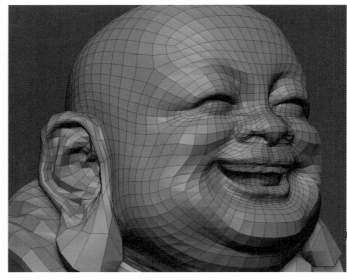

03 03 这个角色下巴部分，会有下坠的感觉，这个时候我们就要用到上面讲过的 Lnflat 笔刷了，轻轻往下一刷，就能做出想要的形状了。

01 导入一个之前做好的中模，中模的制作要点之前已经反复讲过，这里不再重复。

也可以在 ZBrush 中直接用一个球体来开始建模，但用球体的话，雕刻到后来会因为布线的影响在结构上面会雕刻不好，还要再重新去改布线，非常麻烦。所以还不如一开始就准备好一个布线合理的中模来雕刻。

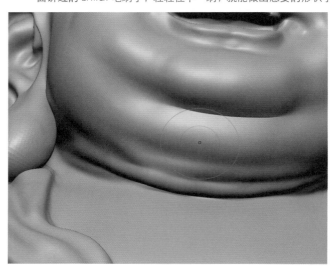

04 雕刻角色眼球的时候要注意的是，先把眼球放进去，再去雕刻上下眼皮，这个顺序千万别搞错了。因为当你确定了眼皮的大小，然后把眼球放进去时，有时发现会有穿插的情况，不得不重新再来调整。所以先做眼球，再做眼皮。

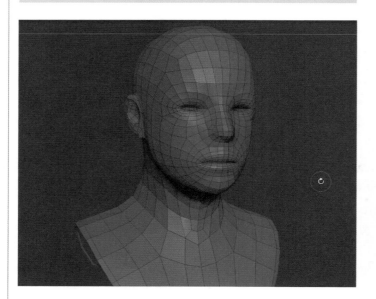

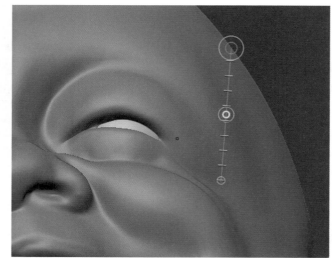

02 刚开始，用 Move 笔刷大致刷出弥勒佛的形体结构，这个时候可以很随意去拉大型，因为就算做错了，到后面还能改回来，低级别就是调型阶段。

05 这个角色的耳朵部分是一大特点，双耳肥大且下垂。在 ZBrush 中要实现这种效果很容易，用 Move 调出形状，用 Lnflat 刷出耳垂肥大下坠的感觉，然后在比较硬的边缘，用 Dam_Standard 笔刷来加工，三个笔刷相互结合来使用。

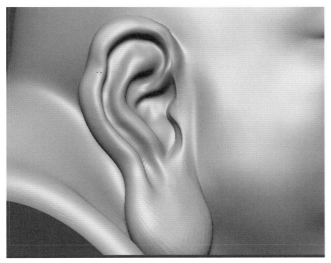

06 因为这个小范例精度要求不高，制作这种角色的牙齿，可以先在牙齿部分画一个遮罩，然后按住 Ctrl 键在空白画布上点一下反选，再挤压一下，牙齿就出来了。

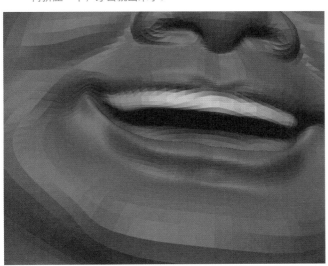

07 在挤出来的牙齿上，还是用 Dam_Standard 笔刷来刷，从结构上把牙齿分开，该刷硬的地方刷硬。

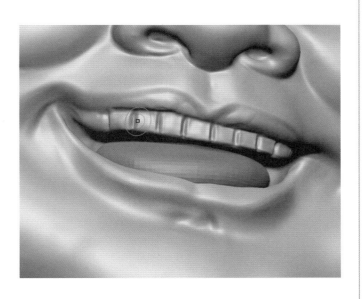

08 可以在表情上面稍微做一些不对称，细节上面做一些小调整，就会让效果看起来大不一样。

关于如何在 ZBrush 中雕刻硬性物体和软性物体就到这里结束了。回顾一下该掌握的知识要点。

- 在雕刻硬性物体的时候首先要学会分析，哪种用ZBrush雕刻，哪种用Maya建模，哪种可以平面转法线，每种方法的效果如何。

- 用ZBrush雕刻，一些方法和笔刷的应用，以及Mask挤出物体的方法，需要牢记，哪种情况用哪个笔刷，熟练掌握以后就会融会贯通。遇到各种各样的复杂结构都不会慌张。各种笔刷要合理搭配，相互结合。

- 软性物体会经常要用到Lnflat 笔刷，这个笔刷在雕刻富有弹性的结构时非常方便，大家可以试着去用一下。很多东西光听是没用的，实践一下最有说服力，通常想达到一种效果，会需要多个笔刷结合使用。笔刷的结合运用没有特定性，不是说达到某个效果，一定要用哪几种笔刷。当你使用ZBrush雕刻物体的经验多了，自己就会整合出一套最适合自己的方法。

第 11 章　布料雕刻技法

　　我们在雕刻布料之前，一定要学会分析布料的褶皱是怎样产生的。如果没有受到其任何外力影响，那么布料是很平整的，产生不了任何褶皱。当你弄明白了布料褶皱是怎样产生的、从什么地方产生、同样的一条褶皱也有一个深浅关系、哪个地方是最深的、哪个地方又是相对较浅的，然后再在 ZBrush 中雕刻，肯定会事半功倍，水到渠成。

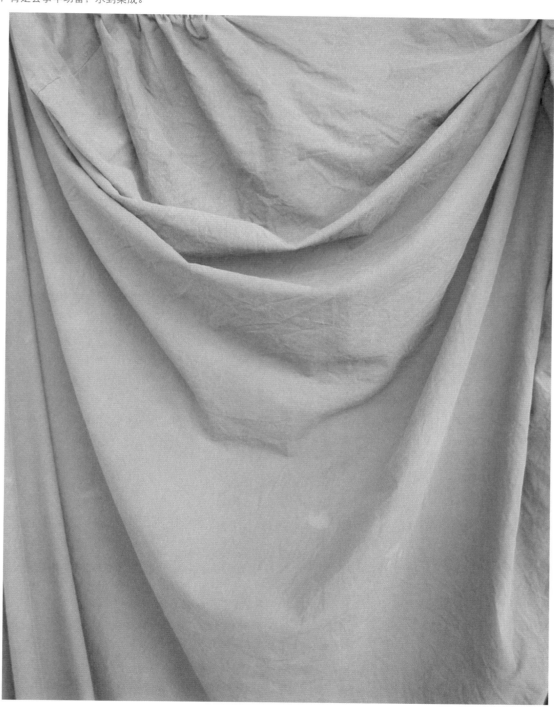

一般来讲，要产生褶皱，使布料外形发生变化，有时候会同时受到以下几个因素的影响，几个因素相互作用，使布料的外形发生了变化。

1. 重力。2. 支力点。3. 内在形体结构。4. 牵扯力。5. 污垢脏迹。

1. 重力

穿着衣服时因为受到重力和支力点的影响，人体肩膀部分是支点，自然下垂时衣服褶皱如图所示。

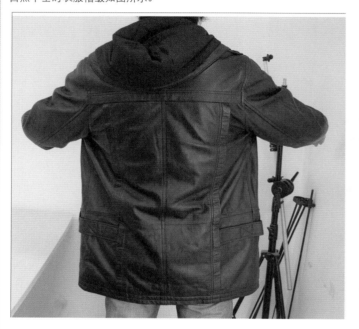

如下图所示，图中绿线部分是肩膀部分，我们可以把它看成是支点，画红线的部分表示受到重力影响自然下垂的衣服褶皱。

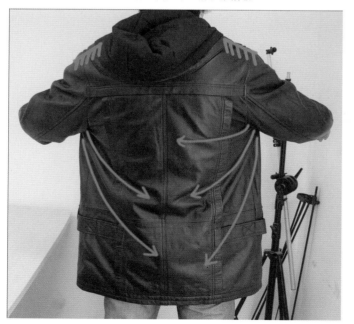

2. 支力点

支力点就是固定的一个地方，不会受其他外力影响，不管是风吹还是拉扯，永远都是固定在那里。通常情况下，布料的褶皱会从支力点这个地方开始。

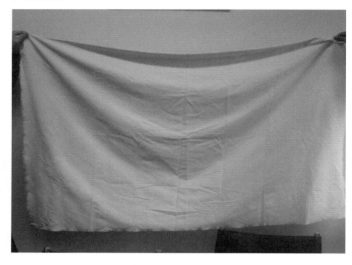

下图中画绿色圆圈部分就是支力点，红线部分表示褶皱从绿色支力点开始产生。

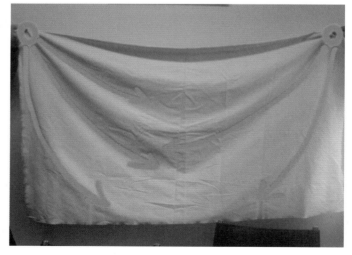

3. 内在形体结构

一件衣服穿在身上会受到人体内在结构的影响。下图中所画红线分别表示的是衣服受到手臂三角肌、胸大肌以及背部肩胛肌阻碍时所产生的衣服褶皱。

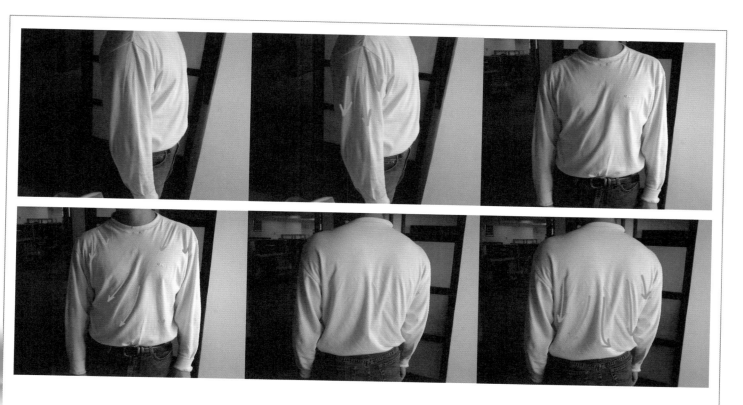

4. 牵扯力

牵扯力可以是自然的也可以是人为的，很多时候是布料受到牵扯力的影响，在受力的一边会产生更多的褶皱，外型发生的变化也更大。左图红线部分就是布料受到牵扯力的影响产生的褶皱。

5. 污垢脏迹

衣服布料因为受到污垢脏迹的影响，会变得很厚，破坏掉原有衣服的外形和褶皱。

下图中红色波浪线表示因为长时间没有清洗，有脏迹和污垢在上面，破坏了原有的外形和褶皱。

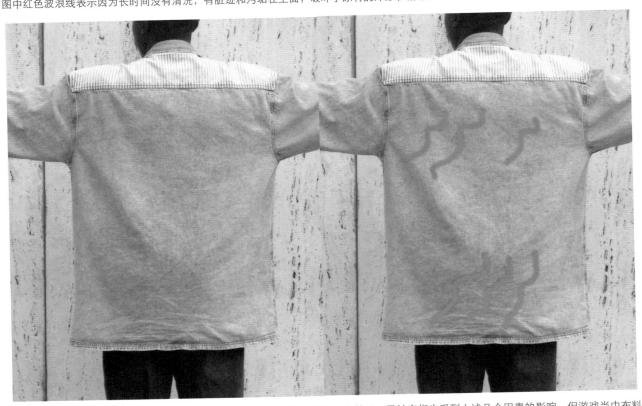

游戏和 CG 当中布料的雕刻方法和现实生活当中相比，多少还是存在着一些差异。虽然它们也受到上述几个因素的影响。但游戏当中布料的雕刻应该更加明显、直接。以下作品都是在 ZBrush 中雕刻布料的优秀范例。大家应该做到理论结合实际，知道了影响布料外形的因素，学会自我分析褶皱从什么地方产生、什么地方结束，做到有紧有松。

角色穿的是牛仔裤加贴身衬衫，那我们看到衬衫上的褶皱从胸大肌以及背部肩胛肌这个地方开始产生，而牛仔裤的褶皱从胯部，膝盖，以及脚腕部产生。

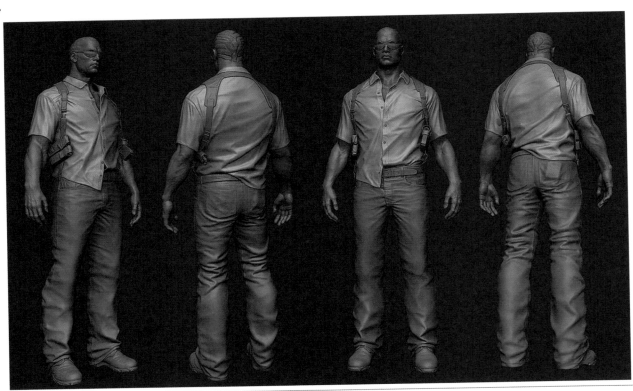

女性角色胸、腹、臀部很少会产生衣服褶皱，因为相对来讲这几个地方比较丰满、贴身，褶皱一般会在其他地方产生。

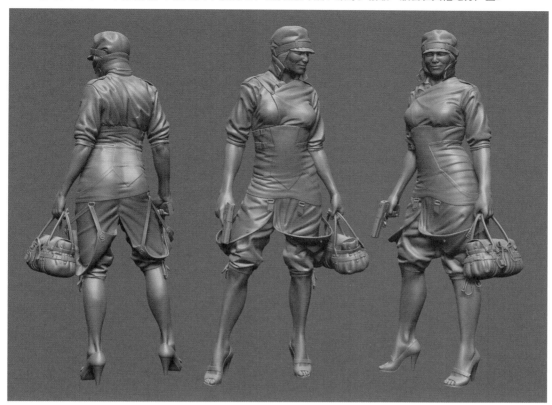

看起来很松垮的披肩布料，产生的褶皱非常平均，肩膀这个地方是支力点。

受到重力影响，布料自然下垂。

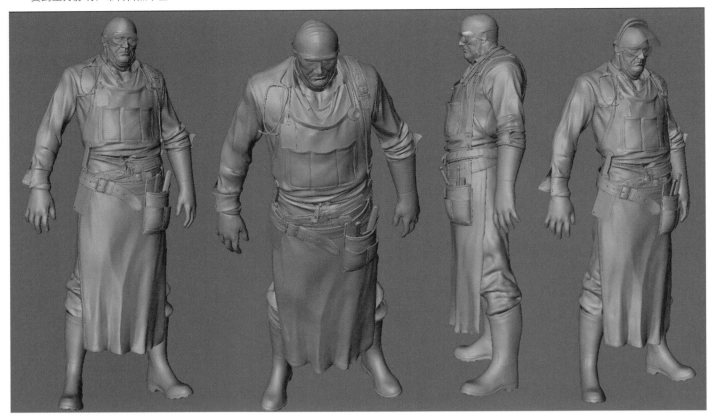

有动作的时候，比如手臂抬起时，肯
定会产生更多的褶皱。

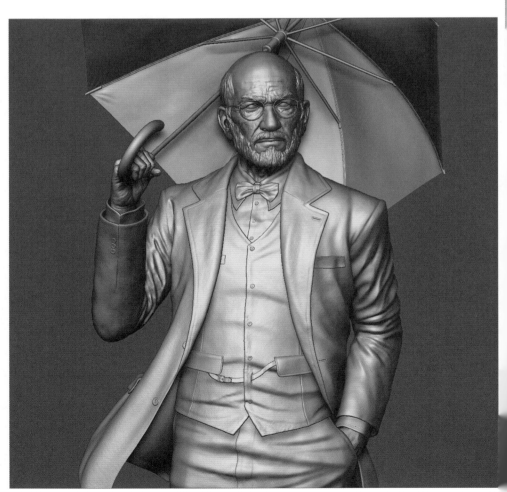

头巾要注意的是穿插关系，在 ZBrush 中要雕刻出头巾叠加在一起的感觉。褶皱一般从穿插的地方产生。

当双腿分开的时候，如果是穿着如下图中的长裙，那么裙子中间也会产生褶皱。

我们在 ZBrush 里雕刻布料的时候，同时还要去分析每种布料的材质区别。因为材质属性的不同，它所产生的布料褶皱也是不同的。举个很简单的例子来说，一件衬衫，一件皮衣，很明显产生的是不一样的褶皱，这就要求我们学会自我分析，平时多看看、多想想，到时候在实际制作当中才不会慌乱。

接下来将会为大家分析一些游戏当中，特别是一些纯写实的次世代游戏当中，不同衣服、裤子的属性。虽然都是理论上的东西，但希望大家还是要重视，和 ZBrush 雕刻实际操作结合起来，会少走很多弯路。

11.2.1　皮革

皮革是经过鞣制而成的动物毛皮面料，它多用以制作时装、冬装。又可以分为两类：一是革皮，即经过去毛处理的皮革；二是裘皮，即处理过的连皮带毛的皮革。皮革的优点是轻盈保暖，雍容华贵，缺点则是价格昂贵，贮藏、护理方面要求较高。

皮衣的褶皱不像衬衫，皮衣的褶皱很硬也很直接，我们要在 ZBrush 里面刷褶皱的时候就应该注意到，把笔刷调大来刷，刷出那种硬朗的感觉。需要特别注意的是，皮衣类褶皱在结构转折的地方应该要强化一下，图中画红线的地方都应该提硬一点。

11.2.2　棉布

棉布是各类棉纺织品的总称，多用来制作时装、休闲装、内衣和衬衫。它的优点是轻松保暖、柔和贴身、吸湿性、透气性甚佳，它的缺点则是易缩、易皱，外观上不大挺括美观，在穿着时必须时常熨烫。

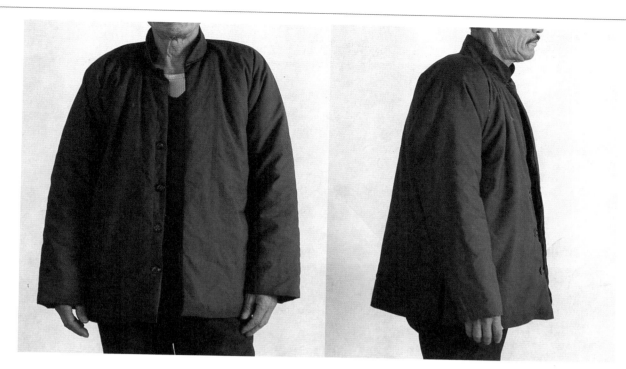

　　刷棉布类衣服的时候要注意的是，棉布产生的褶皱都比较大，深的地方不会很深，不会有太多的起伏，相对来讲褶皱的深浅都非常平均。

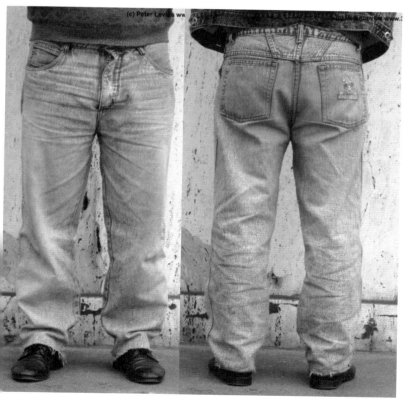

　　牛仔裤分"弹力"和"无弹力"两种。

　　弹力的："经纱"为纯棉，纬纱为"棉＋氨伦纱"无弹力的：经纱和纬纱都为纯棉纱。

在很多次世代项目中，特别是写实类的游戏，牛仔裤是经常会要制作的。ZBrush 刷牛仔裤需要注意的是，褶皱通常会出现在裤脚以及胯部，很多时候褶皱会形成一个"之"字型形状。

裤脚的褶皱也类似于"之"字型，大家可以先找准"之"字型，然后在此基础上接着分叉就可以了。

大家可以找到"之"字型的褶皱感觉，就是像图中红线画的那样，一条一条斜着下来。

11.2.3　化纤

化纤是化学纤维的简称，它是利用高分子化合物为原料制作而成的纤维纺织品。通常分为人工纤维与合成纤维两大门类。它们共同的优点是色彩鲜艳、质地柔软、悬垂挺括、滑爽舒适；它们的缺点则是耐磨性、耐热性、吸湿性、透气性较差，遇热容易变形，容易产生静电。

通常衬衫产生的褶皱都比较长、比较挺。很多位置也像皮衣的褶皱一样，在 ZBrush 里面要用笔刷提一下。

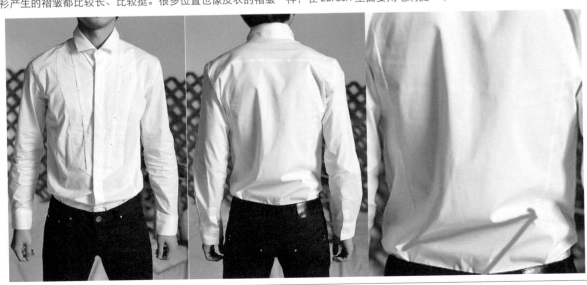

肚子大的人穿着衣服，衣服的褶皱会随着体型的变化而变化，千万不要疏忽掉体型对衣服褶皱的影响。

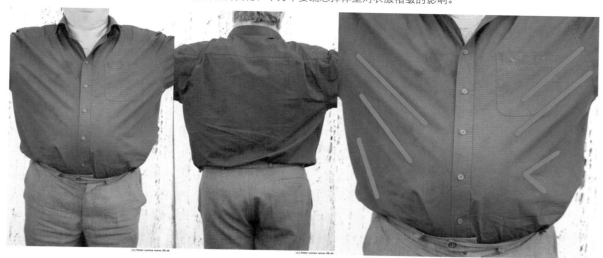

11.2.4　羽绒

呢绒又叫毛料，它是对用各类羊毛、羊绒织成的织物的泛称。它通常适用于制作礼服、西装、大衣等正规、高档的服装。它的优点是防皱耐磨，手感柔软，高雅挺括，富有弹性，保暖性强；它的缺点主要是洗涤较为困难，不大适用于制作夏装。

羽绒服不会产生很多的褶皱，就算有褶皱也是很平均的。褶皱会从衣服结构线中产生。

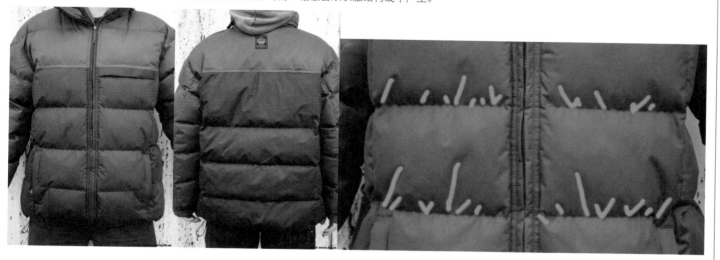

羽绒服在没有衣服结构线的情况下所产生的也是比较大的那种褶皱。

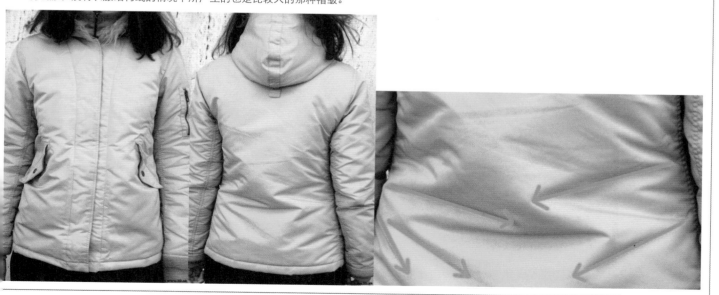

11.2.5　丝绸

　　丝绸是以蚕丝为原料纺织而成的各种丝织物的统称。与棉布一样，它的品种很多，个性各异。可被用来制作各种服装，尤其适合制作女士服装。它的长处是轻薄、合身、柔软、滑爽、透气、色彩绚丽、富有光泽、高贵典雅、穿着舒适；它的不足则是易生折皱、容易吸身、不够结实、褪色较快。

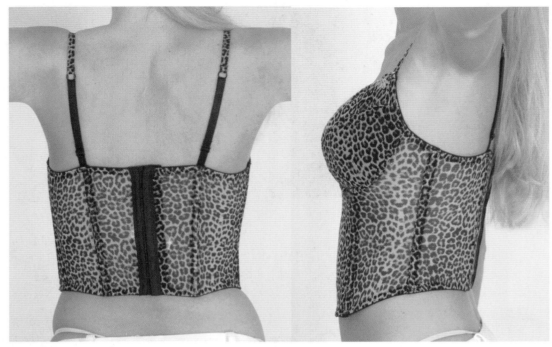

　　丝绸类服装产生的褶皱比较细小。

11.2.6　混纺

　　混纺是将天然纤维与化学纤维按照一定的比例，混合纺织而成的织物，可用来制作各种服装。它的长处是既吸收了棉、麻、丝、毛和化纤各自的优点，又尽可能地避免了它们各自的缺点，而且在价值上相对较为低廉，所以大受欢迎。

这种混纺类衣物的褶皱看起来都比较柔软、平均，和皮衣衬衫所产生的那种比较直接、比较硬的褶皱不同。ZBrush 雕刻时褶皱不需要太深。

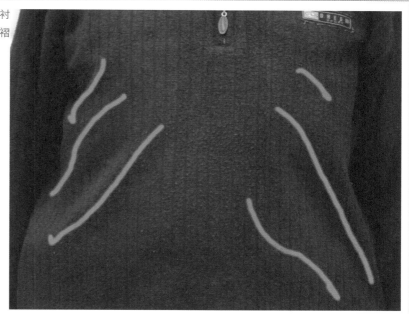

11.3　范例解析 《《

以下优秀范例依次是各种布料材质在 ZBrush 中不同的雕刻表现。请大家结合上面所分析过各种材质的特性以及雕刻的方法对照着来看。ZBrush 中雕刻的步骤大致可以分为低级别中调整大型、高级别中做出该有的特点和细节，即在 1～3 级低级别中做出大型，然后在 4～6 级高级别中把布料褶皱表现到位。

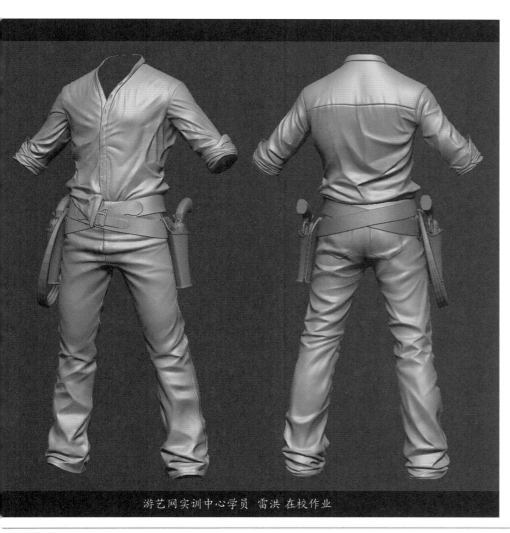

游艺网实训中心学员 雷洪 在校作业

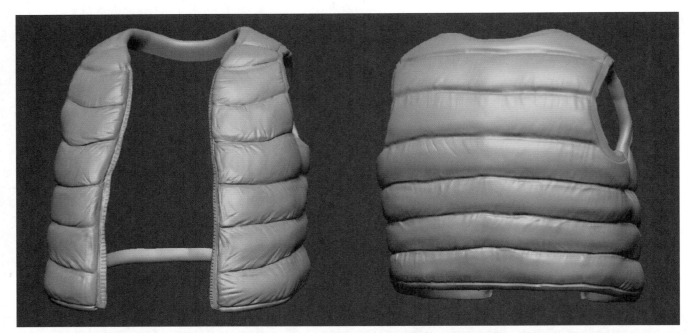

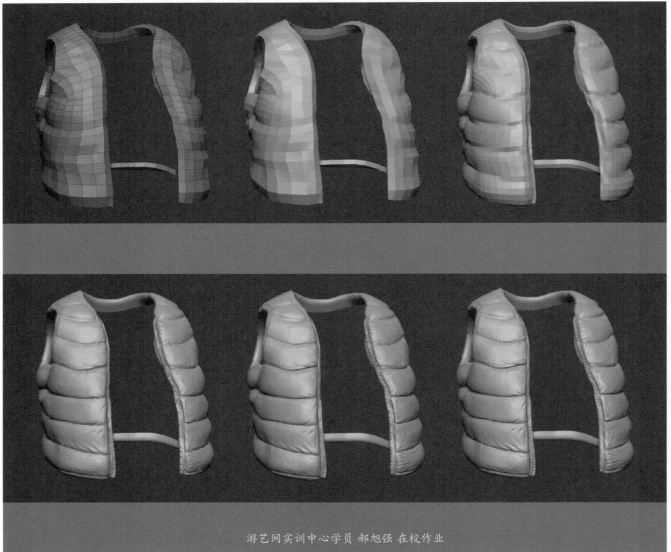

游艺网实训中心学员 郝旭强 在校作业

2. 衬衫类

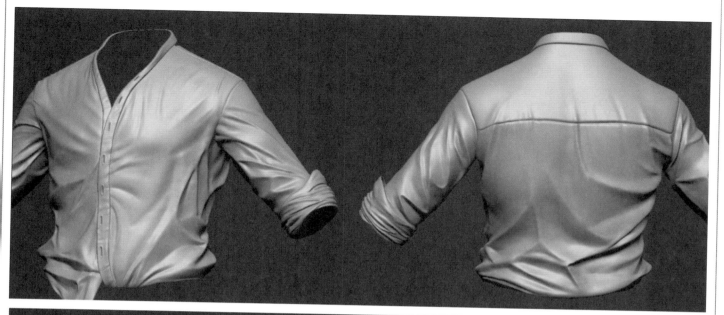

游艺网实训中心学员 雷洪 在校作业

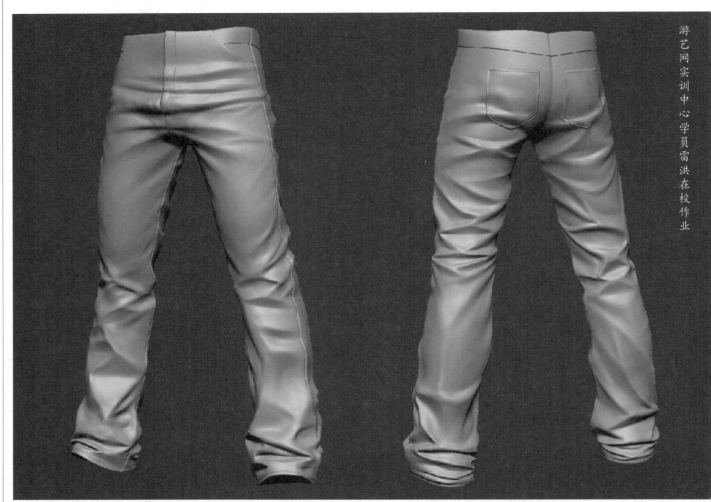

游艺网实训中心学员雷洪在校作业

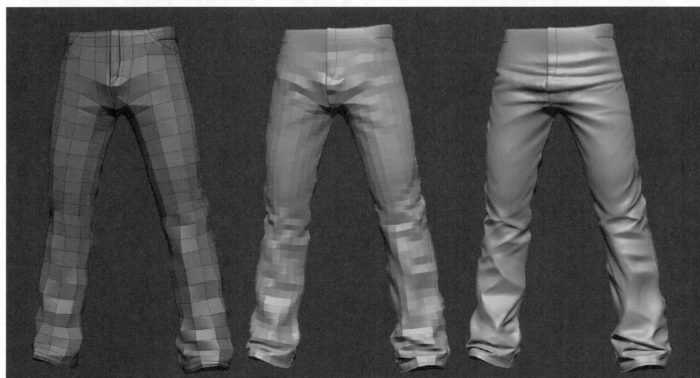

4. 针织类

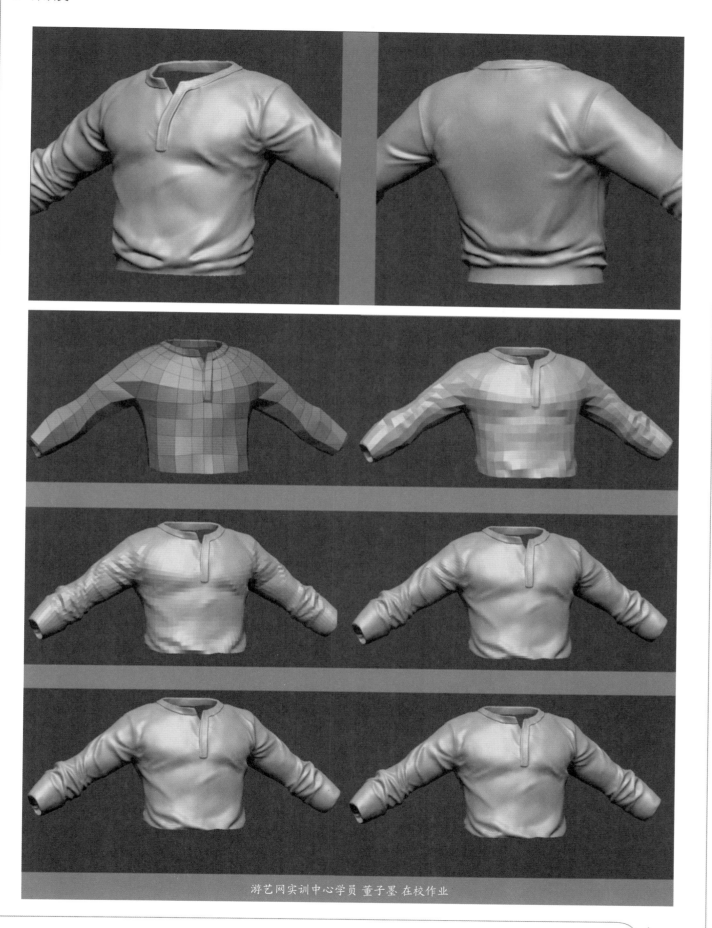

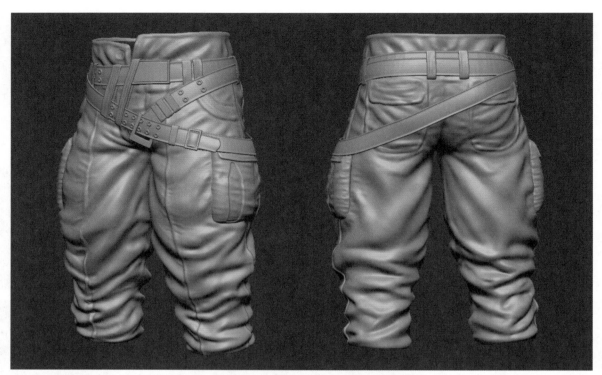

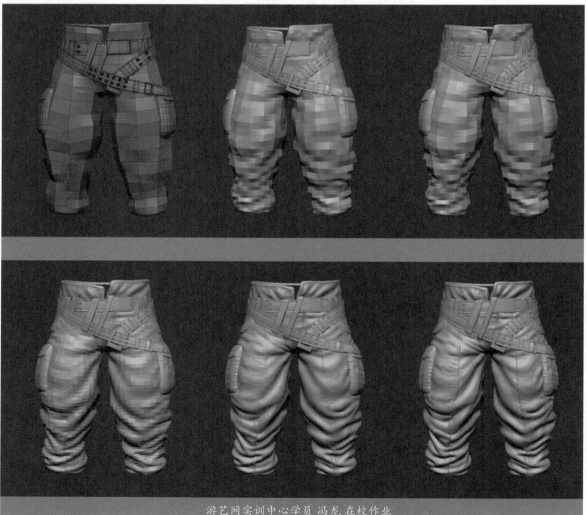

游艺网实训中心学员 冯龙 在校作业

6. 丝绸类

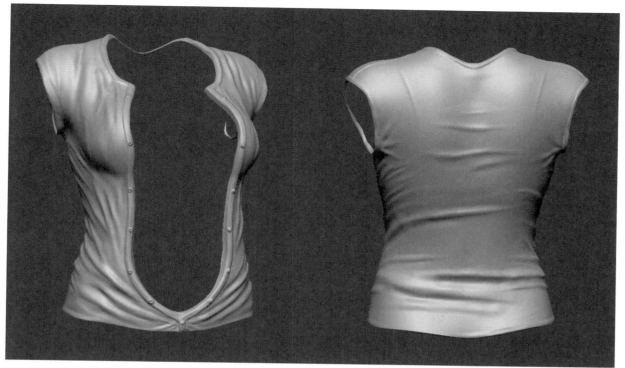

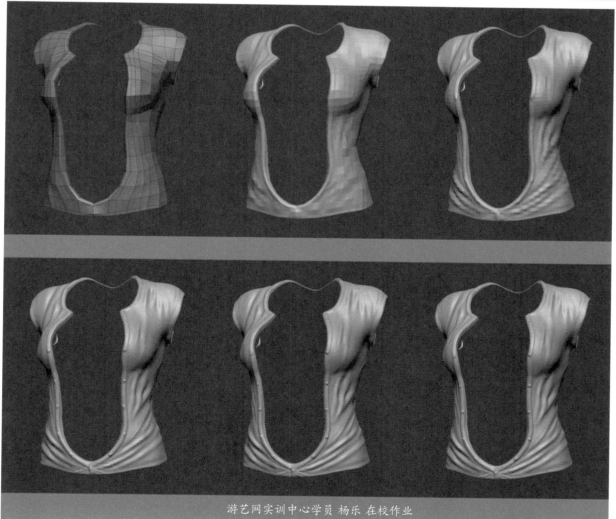

7. 棉布类

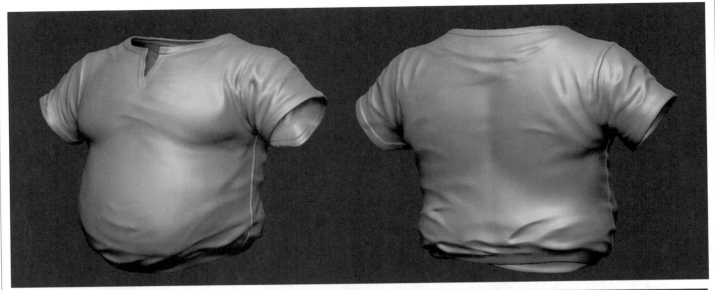

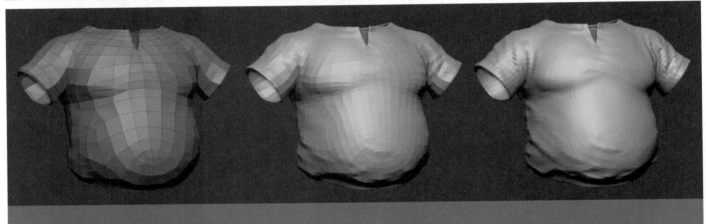

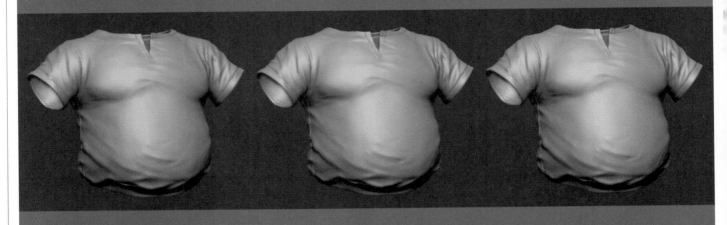

游艺网实训中心学员 杨一帆 在校作业

大家在 ZBrush 中实际雕刻布料的时候，一定要把每种布料的材质属性分析清楚。了解影响布料大形的外在条件以及自身的材质属性后，才会心中有底、少走弯路。次世代游戏项目中，特别是在写实类角色的游戏模型中，衣服、裤子都是要经常制作的。很多时候衡量你做的衣服裤子合不合格的标准，就是看褶皱和外形是否处理好了。大家知道了一些基本属性后，更多的还是要靠自己的审美观，实际制作的时候多想想，褶皱和外形怎样处理才好看。要想做出真实的衣服裤子，并不是掌握了一些理论知识就可以了，需要花大量的时间日积月累反复不断地去练习。

11.4.1 ZBrush笔刷操作解析

01 首先在 Maya 里面做中模，中模是导入 ZBrush 之前的模型。它的要求是做到布线均匀整齐，没有 5 边或 5 边以上的面。

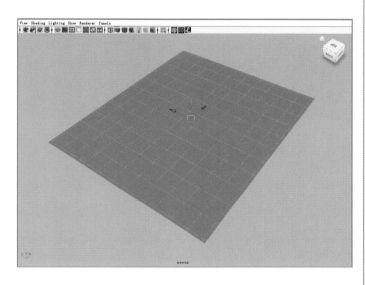

02 下面的那种情况（出现了三角面），不算错误，但稍微会影响在 ZB 中雕刻的效果，如果是复杂类生物模型，可以将三角面藏在不太容易看到的地方。

03 需要特别注意的是在做中模时绝对不能允许出现 5 边或是 5 边以上的面，因为在 ZBrush 中只接受 4 边面或是 3 边面，它会将 5 边的面自动划分，改乱布线，影响最后的效果。如图中画出的红线部分，就是一个严重的错误。

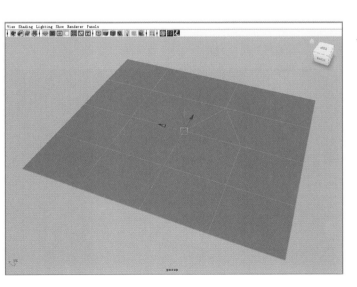

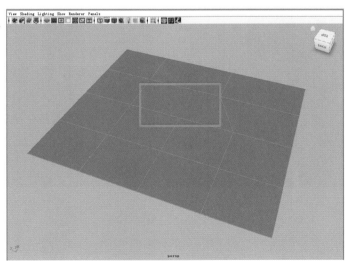

04 万一在做中模时不当心，出现了 5 边面或是想修改布线的，可以通过 GOZ 这个插件重新导回到 Maya 或是 3ds Max 中修改布线。

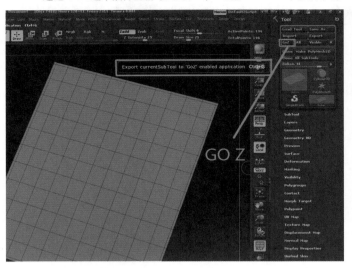

中模布线很重要，大家千万不要随便对待。在实际工作当中，总是会在 ZBrush 中雕完模型后发现因为布线问题影响了效果，需要修改，所以要在一开始就把布线弄整齐了，每一个步骤都不能出现问题。

ZBrush 的笔刷有很多，要达到一个效果，可能有多个笔刷可以实现，只要效果达到要求都可以。在本实例中用到的一些基本笔刷在正式雕刻前先介绍一下。这些笔刷是最基本的笔刷，通过这几个简单笔刷的配合运用就能雕刻出褶皱的感觉了。

- Standard笔刷，ZBrush默认的基础笔刷，通过Focal Shift衰减值的调整，也能雕刻出软硬的变化。

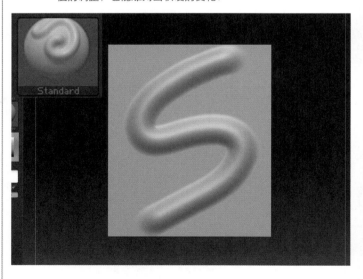

- Clay 笔刷， 非常好用的一个笔刷，也是经常会用到的，这个笔刷会把东西刷平整，在塑型的时候很好用。

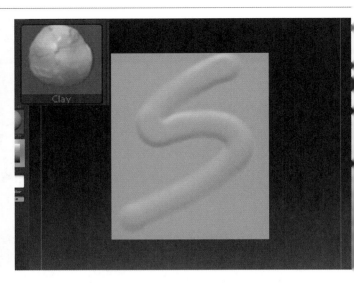

- Move笔刷，调大型用的一个笔刷，需要注意的是它会把物体的网格线破坏掉，所以在使用的时候要特别当心，可以按下Shift+F键把网格显示出来做调整。

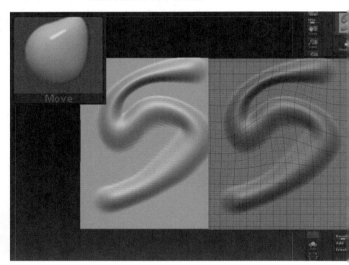

- Smooth笔刷，模糊笔刷，默认状态下配合Shift键使用，也是经常要用到的笔刷。刷得不好的地方、凹凸不平的地方都能刷平整了。

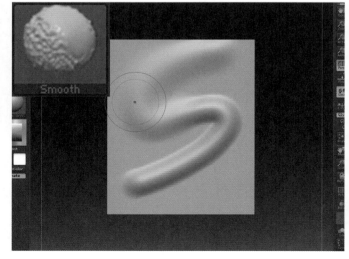

Standard 笔刷加上一个中间带实心的 alpha 就能如下图所示把软的地方给刷硬。

Mask 遮罩配合 Ctrl 键使用，在画出 Mask 的地方，如下图中的黑色区域，不会受到任何笔刷的影响。

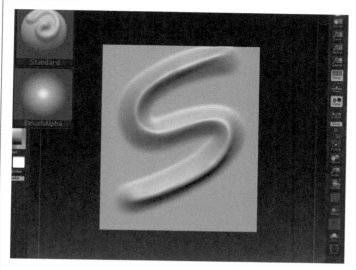

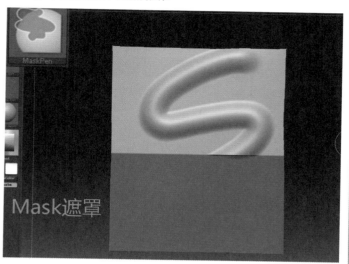

模型细分级别，在低级别 1 ～ 3 级中可以调整大型；高级别 4 ～ 7 级中刷出细节。

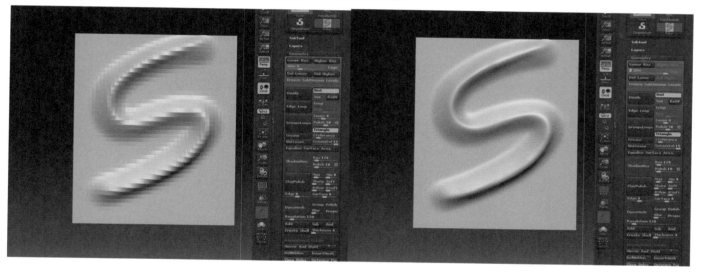

Draw Siza（笔刷大小调整），快捷键是"S"；Z Intensity（笔刷强度大小调整），快捷键是"u"；Focal Shift（笔刷衰减大小调整），快捷键是"O"。Zadd 键和 Zsud 键分别是笔刷雕刻时凸起来和凹下去的效果。通常要配合 Alt 键相互切换使用。

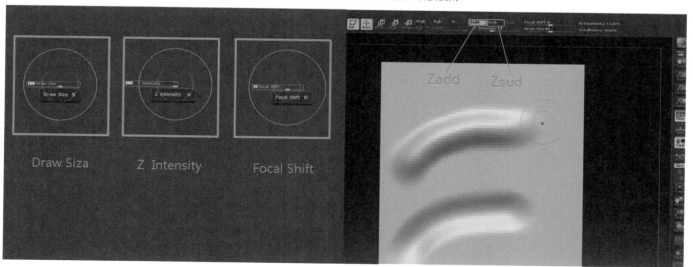

11.4.2 实际雕刻

当我们掌握了上述这些 ZBrush 的基本操作以后，就可以开始实际制作了。

01 首先在 ZBrush 中导入 Maya 里做好的中模。

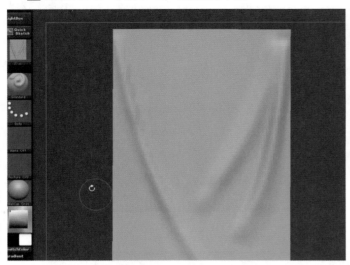

02 先从大型开始入手。雕刻任何东西都是一样的流程——低级别做大型，高级别雕细节。用 Standard 笔刷刷出布料的大感觉、大体的褶皱走向，起型阶段可以很随意地去刷，找准几条大的褶皱方向就可以了，这个时候就算刷得不好也没关系，以后都能逐步修改。

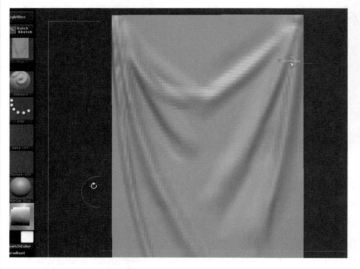

03 参照之前讲过的影响布料褶皱走向的几个因素，从布料支力点这个地方开始往下刷，还要考虑重力的影响，上面褶皱拉得比较紧，越往下相对松一些。这种细微的变化关系也就是压感笔轻重力度的掌握，这里训练大家一些 ZBrush 里雕刻物体最基本的手感。

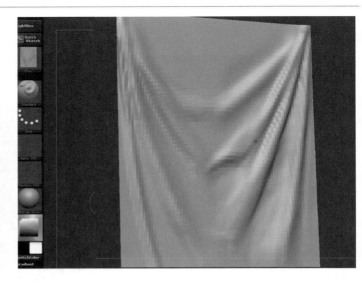

04 这个时候可以将褶皱的分叉也大致刷一下。低级别起型阶段要靠自己的感觉找准布料受力的几个影响因素，快速把褶皱关系表现出来。

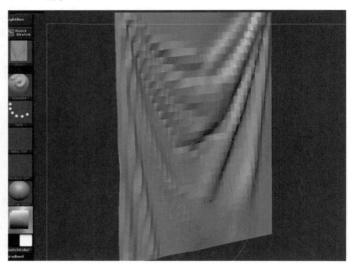

在 ZBrush 中雕刻物体有一个要注意到的地方就是要更多的去想想在一个三维空间里的感觉，不要光看正面或是侧面。很多时候从45 度角或是其他角度去观察，形状上有没有不对的地方，有没有把褶皱刷直。

05 如果要刷出褶皱受到重力影响中间凸出下垂的这种感觉，有一个小技巧，可以先画一下 Mask 遮罩。

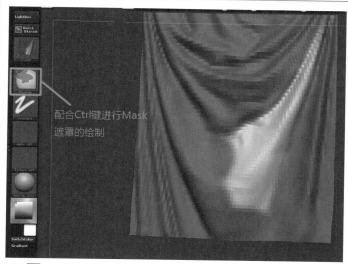

配合Ctrl键进行Mask
遮罩的绘制

06 因为在之前我们讲过了，画过 Mask 的部分不会受到任何笔刷
的影响。如图所示，布料两侧不会受到笔刷影响，中间部分用
Move 调出大型即可。其实这个笔刷调大型是很好用的，比起用
一般的笔刷，用 Move 能更快地调出我们想要的形状。

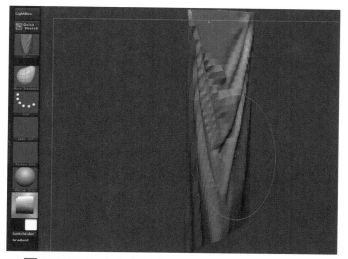

07 也可以用 Mask 分别画出每道褶皱，然后用 Move 分别来进行调
整，这样从侧面看，调过几次大型后，很快就能把布料受重力影
响下垂的这种效果做出来了，而且非常真实自然。如果只用笔
刷的话，大型状是很难刷出来，用 Move 调就很简单了。

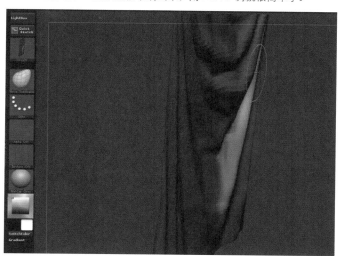

08 我们在做模型的时候遇到刷不平整或者凹凸不平的时候，都可以
配合 Shift 键进行 Smooth 光滑修改，把相关位置抹平就可以。
Smooth 也是在 ZBrush 中雕刻模型经常要用到的，非常好用。
模型级别低的情况下比较容易抹平，反之模型级别高就不太容
易抹平。如果你想把东西快速抹平，那么把级别降低就可以了，
ZBrush 中把模型级别降低的快捷键是 Shift+D 键。

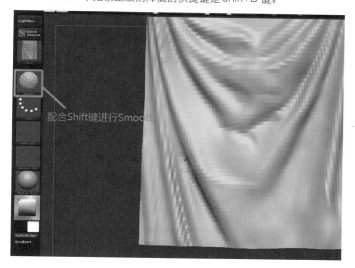

配合Shift键进行Smooth

09 在大型做的差不多的时候我们把模型级别打高，然后用前面讲过
的 Standard 笔刷加一个中间带实心点的 Alpha，能把布料褶皱
软的部分提硬，在低级别中是很难刷出这种效果的，因为受到模
型面数的影响，要把东西刷硬，只能是在模型面数高的情况下进
行。该凸的地方刷硬，该凹进去的地方也应该刷进去，这样一凸
一凹就能把一条褶皱关系给刷好了。

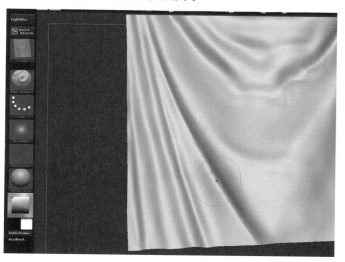

10 要记住的一点是每一道布料褶皱都有深浅变化在里面，一般来讲，
越靠近受力点的地方褶皱就会拉得越紧，而越往下的地方相对来
讲就会比较松，要注意的是不要把每道褶皱都刷得一样的松紧，
一样粗细，这样显得不真实、太死板。

11 布料褶皱在拐角的地方通常都会显得很硬，需要在这些小细节上下工夫。如果是次世代的工作流程，高模如果刷得太模糊，最后烘焙出来的法线贴图质量会下降。宁可稍微刷硬点，也不要刷软、刷模糊了。

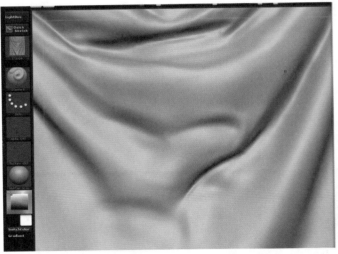

12 在实际雕刻中，级别的高低可以来回切换，有的时候高级别上不好改大型或者是平滑，那么就把模型级别降下来，很快就能调整好，面数低好控制。来回切换级别的操作也是 ZBrush 雕刻的一个基本操作。

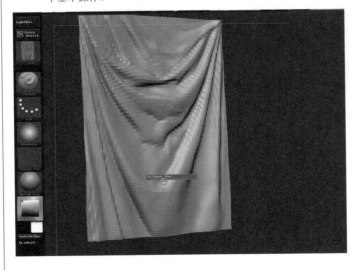

13 在这个布料实例中，由于受到重力的影响，中间塌下的部分是一个难点，必须往里刷进去，才能够体现出中间的空间感。其实这个阶段，当大型都没有什么问题了，就应该在这些细节上下工夫了。把模型级别打高，一点一点的去刷，刷出布料褶皱那种重叠穿插的关系。

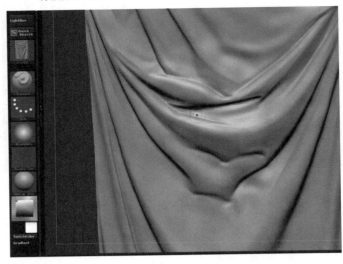

14 最后再在细节方面下足功夫，该刷硬的地方刷硬。

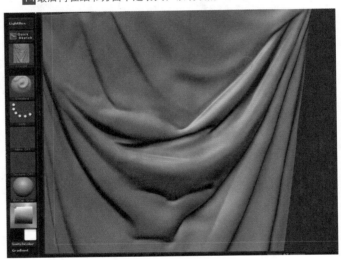

15 高低级别来回穿插，用各种笔刷配合微调。因为当你刷过很多遍模型后，之前调整好的大形会发生变化，所以要一边刷一边用 Move 调型，当然这个阶段只要做些必要的小调整就好了。从各个角度来观察，看看每道褶皱是不是刷直了，有不平整的地方 Smooth 处理，观察褶皱相互穿插的关系是否表现到位。有的地方如果刷软了，再加工一下。

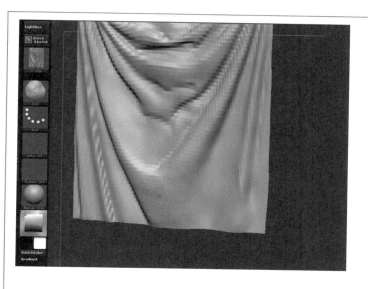

16 继续加工，特别要注意的是布料褶皱边缘的处理，不能敷衍了事，要一笔一笔非常用心地去刷，一门心思地来做细节的雕刻。

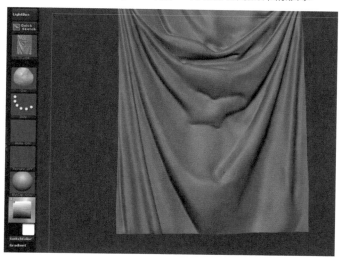

17 这个时候发现之前雕刻好的布料细节上还是不到位，所以我们把级别再退回到 1 ～ 3 级，如图红框部分所示的那几块区域，都是布料上细节的不足，再重新雕刻。这样来回雕刻来回检查就能把该刷的细节全部刷出来，而细节的丰富会让你刷的模型更加真实、自然。

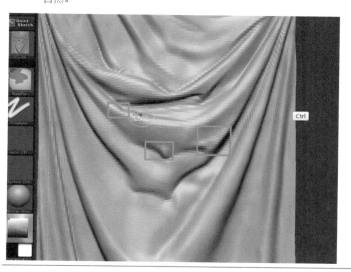

18 如图红框部分，褶皱和褶皱之间有时会连在一起。这些细微的变化，能影响模型的最终效果，在刚开始雕刻时没有考虑到，现在要做的就是把这些之前疏忽掉的东西补回来。

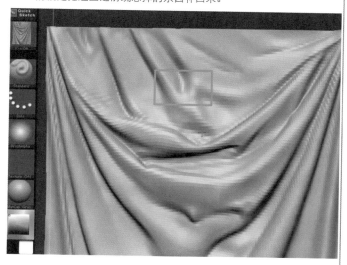

19 还是雕刻细节，要找准每一道褶皱的深浅变化，叠加关系。

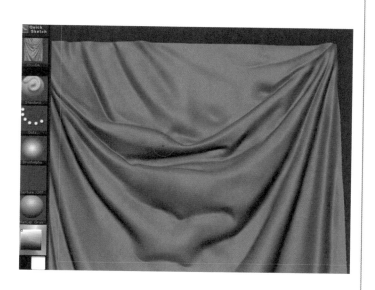

20 也可以给模型上个颜色，有利于观察最终效果。

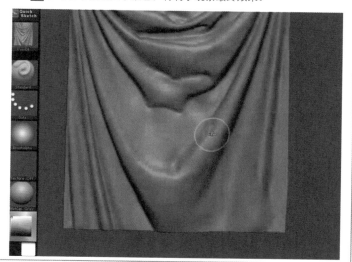

到这里布料雕刻内容就全部结束了。本章案例是个基础练习，主要训练大家在 ZBrush 中雕刻模型的手感，掌握一些基本笔刷、快捷键的运用，以及 ZBrush 中 Mask 最简单的应用方法。看似很简单的布料，要想雕好，也有许多的学问在里面。

第三部分　案例分析

在射击游戏类型的次世代游戏中，枪支道具大量存在，除了科幻系列的枪支之外，大部分枪支都是采用现实生活中的枪支型号来参考制作的。本章给大家带来一个威伯利·斯科特左轮手枪制作教程，这个左轮手枪的结构是比较普遍的，在制作过程中尽量去找有具体型号的，这样在搜索参考图的时候更方便，图1是最终效果图，图2是线框，图3是高光高显图。

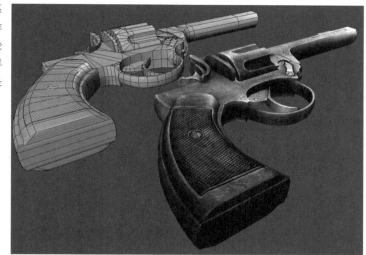

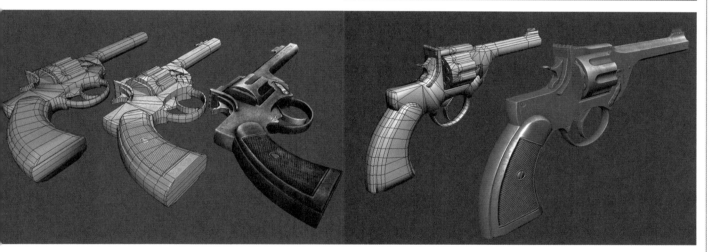

12.1　机械制作流程 《《

在次世代游戏中，大部分制作流程都比较相似，
通常有以下几大步骤：

（1）参考图。

（2）搭建初级模型。

（3）细心刻画模型细节。

（4）对模型添加保护线。

（5）高模完成，整体调整。

（6）低模制作，UV拆分。

（7）Normal、AO的烘焙。

（8）颜色贴图的制作。

（9）高光的制作。

（10）灯光。

　　参考图是制作一个完整作品不可或缺的前提条件，前期工作做得充分能让我们在接下来的制作中，更为顺利，参考图尽量找同一型号的枪，清晰大图，能找到局部的参考图最好，方便我们对要制作的局部细节有个清晰的参考。

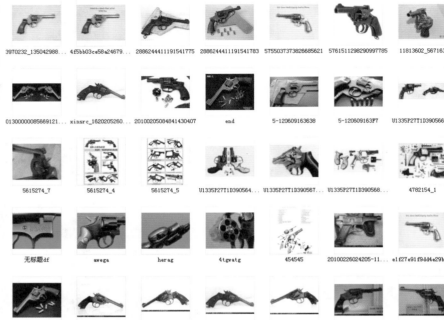

01 用 Polygon Plane 工具，拉出左轮手枪的大的形状剪影，有正面参考图的可以把参考图导入到软件中做参考，这样能更好地把握枪的造型。

02 用 Cut faces Tool 工具切除枪前半部分的环绕的圆轴结构。

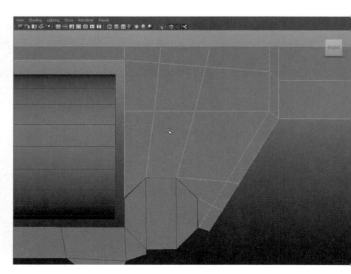

03 根据参考，继续调整枪的外形轮廓，这个时候还是单一的片，没有任何体积感，保证枪的外形结构不会出现大的问题即可。

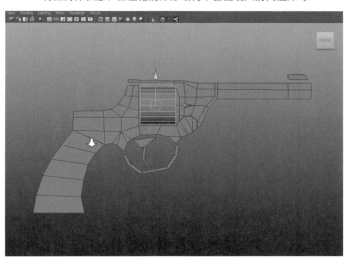

04 继续添加枪身的细节，用 Plane 拉出大的轮廓，然后挤压出一个厚度，尽量做到接近参考图的形状，保证每一步制作的正确性。

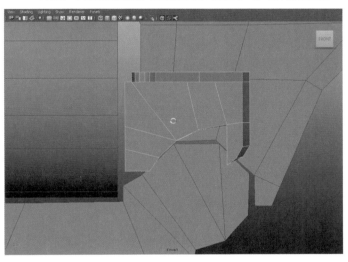

05 用 Plane 做出击锤的外形轮廓，注意，在做扳机外形弧度的时候，不要添加过多的线段，减少在挤压厚度之后再调整外形的麻烦。

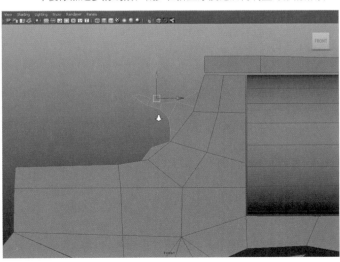

06 选择枪身，用 Extrude Face 挤压出枪身的厚度。

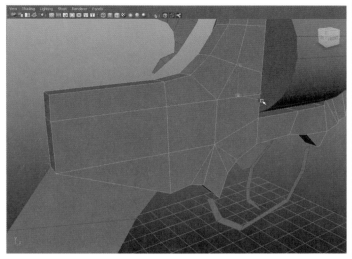

07 用同样的方法，挤压出击锤的厚度。

08 挤压出把手的厚度，并调整位置，对齐枪身的厚度，方法同上。

09 挤压扳机的厚度，并调整其位置。

12.4 刻画细节 《

01 做出枪管的厚度，方法同上。

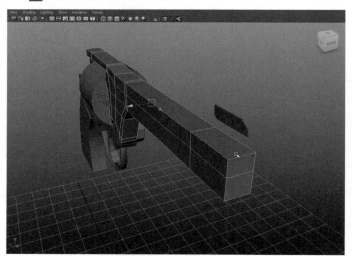

02 调整顶部形状，做出枪筒结构的大结构。

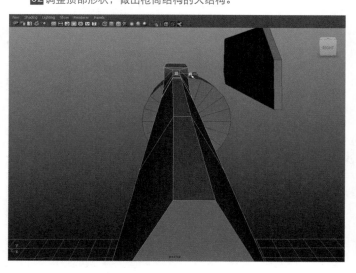

03 在枪身前端加线，并挤压出准星下的结构。

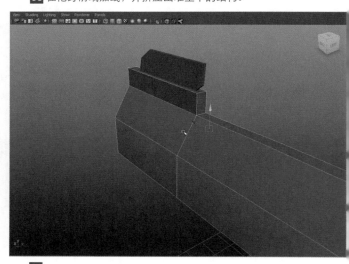

04 用 Bevel Edge 倒角，做出准星下面的结构，并调整线调处弧度。

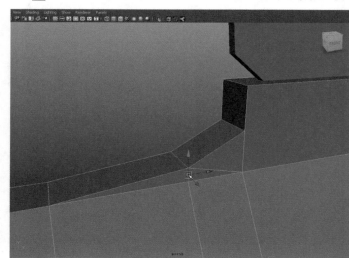

05 调整把手的位置至中心线，这里我们来制作一半把手，另一半最后镜像过去。

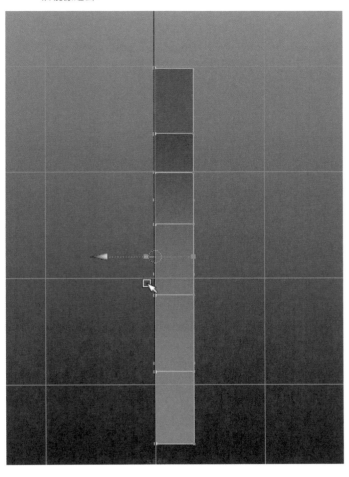

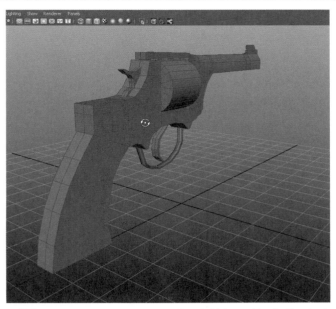

06 用同样的方法，把另一半删除，只保留左轮手枪的一半模型结构。

07 镜像出另一半，观察模型，看形状、厚度是否接近参考图的形状结构。

08 继续丰富手柄的结构，从把手位置复制出面，挤压调整，得到现在的形状。

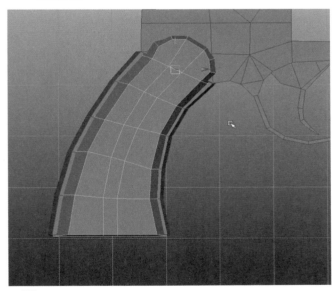

09 选择最外的一圈环线，倒角、圆润模型。

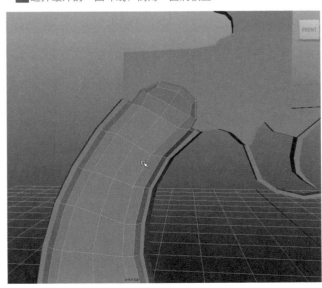

10 切出线，焊接红色区域为一个整体。

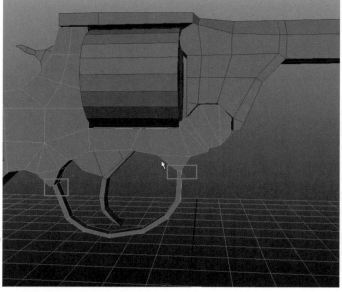

11 焊接扳机的两部分加线，调整护圈的弧度。

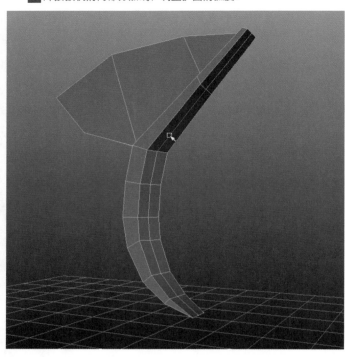

12 调整准星的轮廓，加线圆润剪影。

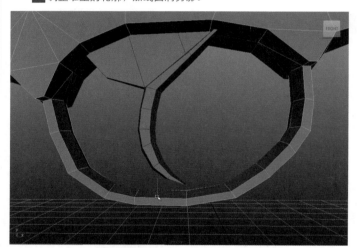

12.5　对模型添加保护线及高模制作 《

　　有些人叫卡边，有些人叫保护线，大概意思都一样，目的都是为了模型在 Smooth 之后，还能保持它的外形结构，边角都比较光滑合理。一般加保护线的方法，是沿着外轮廓结构线，在里面切出一条平行于外轮廓线的线，这样在 Smooth 的时候，高模能很好地保持它原有的外轮廓形状，不会发生特别大的变形错误。

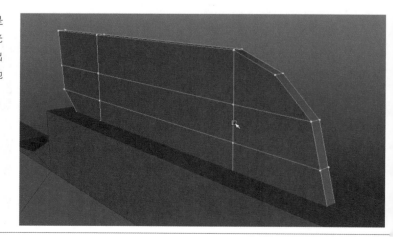

01 沿着模型的外轮廓添加一圈保护线，固定准星的形状。

02 切出枪口的形状。

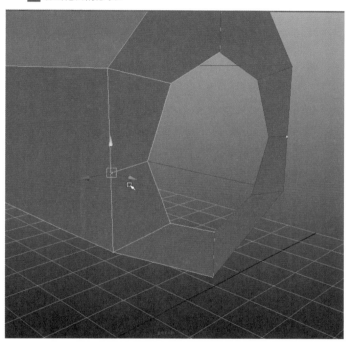

03 选择枪口的线，挤压出枪筒的深度、切线，丰富枪筒外部细节形状轮廓。

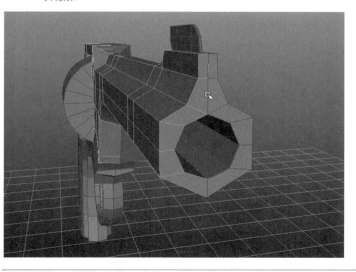

04 另一端的布线。

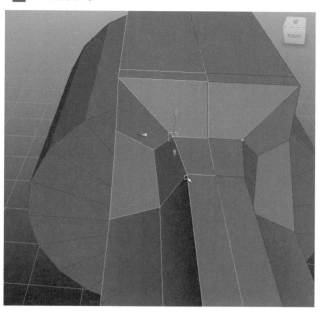

05 根据制作的外形结构，在外轮廓线里面加保护线（尽量平行于外轮廓线。

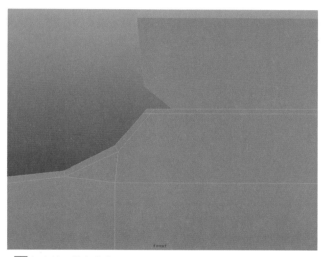

06 切出枪口的保护线。

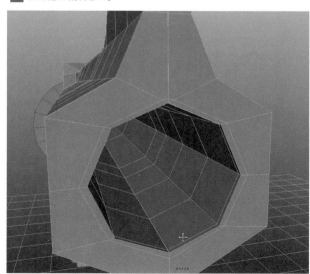

07 选择需要固定的结构轮廓线。

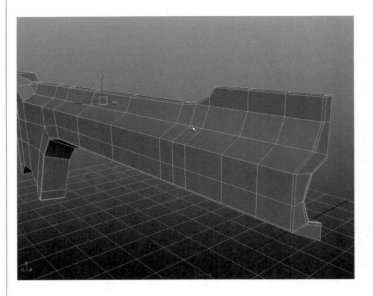

10 选择枪身枪筒外轮廓的线，倒角变成两条线，使其过渡更圆滑，并调整布线，使其更柔顺。

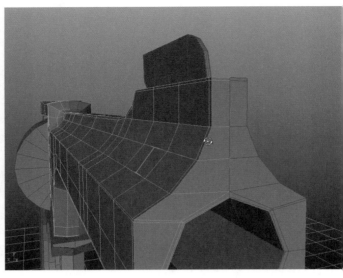

08 对选择的轮廓线进行倒角。

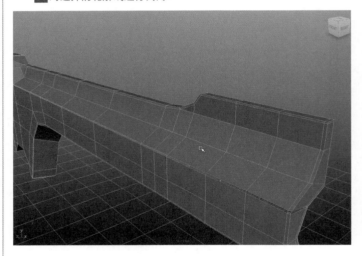

11 调整弧度。

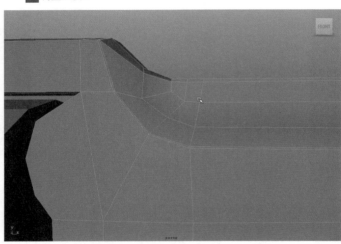

09 调整枪身上部的结构轮廓。

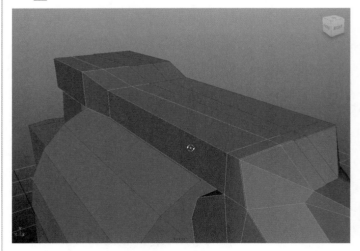

12 添加环线保护线。

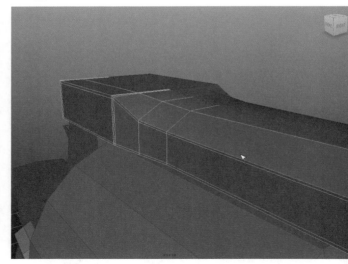

13 对比参考之后，发现红色箭头标示的弧线弧度不够好，继续调整，使其更接近参考图。

14 沿外轮廓切保护线。

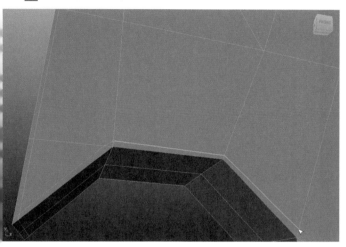

15 合并不正确的点线。

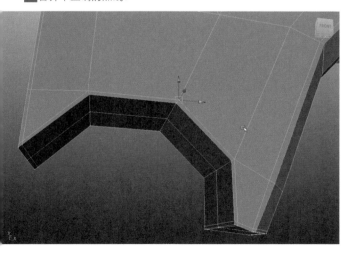

16 调整把手的弧度，对于线段较多的模型，可以用添加 Lattice 晶格体命令来调整弧度。减少线多出错的可能性。

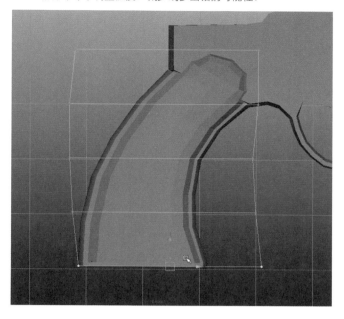

17 继续添加保护线（沿外轮廓）。

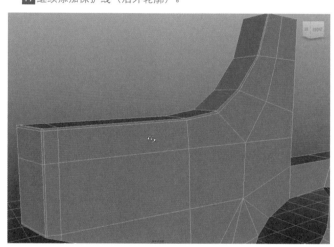

18 添加完保护线，在 "3" 的模式下观察效果，检查有没有不光滑、出错的现象。

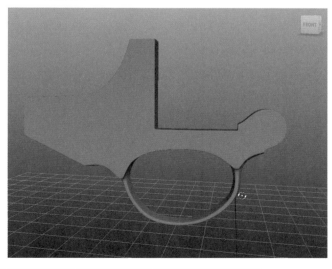

19 为扳机添加保护线，固化结构轮廓。

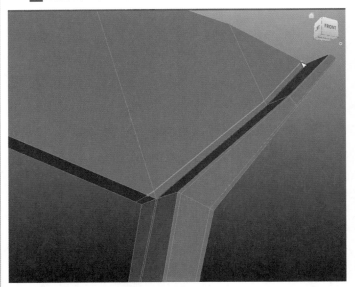

20 添加枪末端的凹槽，并调整末端的结构弧度。

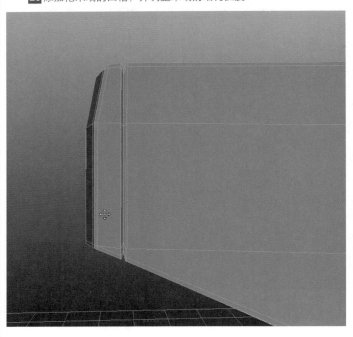

21 制作准星的部分。

22 挤压出上端的结构。

23 调整准星末端的形状。

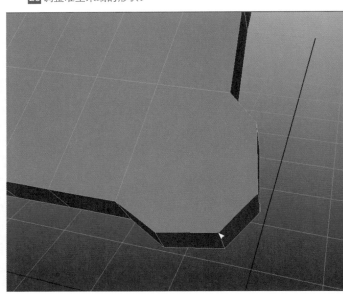

24 添加保护线，在光滑模式下观看效果。

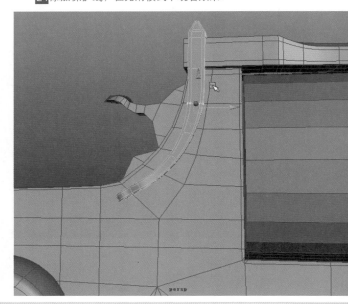

25 添加枪身上的小物件。

26 从模型上提取面制作枪轴的细节，挤压调整形体。

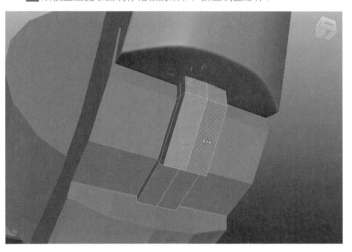

27 添加部件，并调整形状。

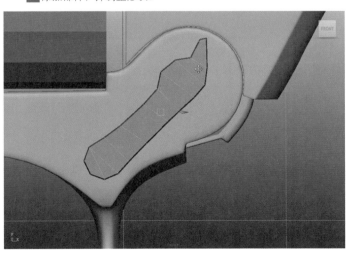

28 调整模型的细节，并添加螺丝。

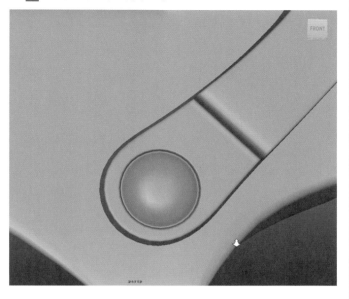

29 添加小部件，模型从面片开始，不断加线调整形状。

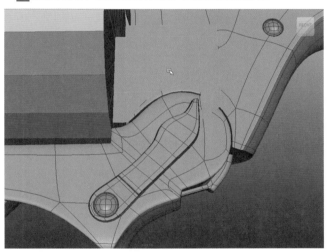

30 挤压厚度并丰富部件的形状。

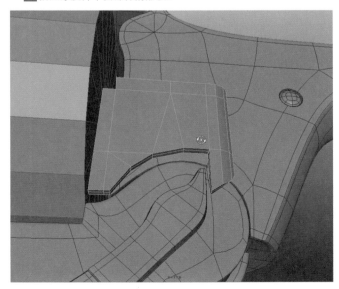

31 沿着轮廓线添加保护线，合并多余的不顺畅的点线。

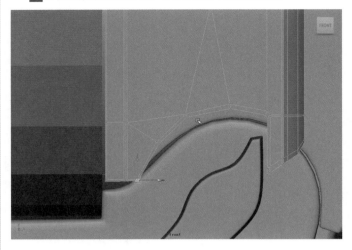

32 用同样的方法继续深化结构。

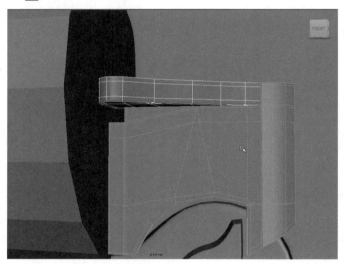

33 接下来做左轮，因为是圆柱形的，有八个弹孔，在制作的时候可以选择做一部分，然后旋转复制其他部分得到模型。这里在 3ds Max 中制作。首先拉出一个 16 边型的圆柱，方便我们只制作四分之一的模型。

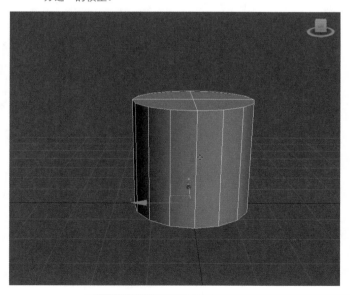

34 选择四条边用 Extrude Edges 挤压，参数根据需要调节。

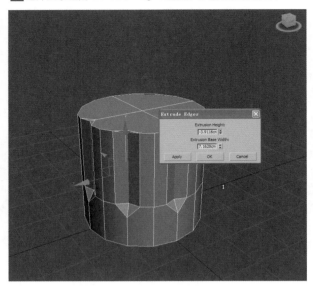

35 删除顶部的面，便于操作，需要的时候再缝合起来。

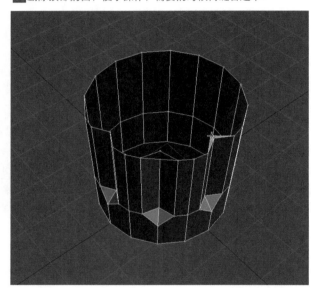

36 底部切一条环行线，并适当地调整形状。

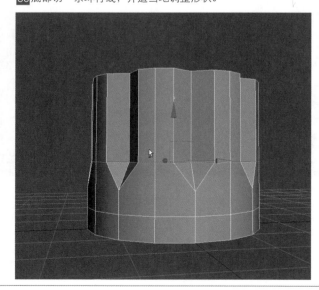

37 删除其他部分，留下四分之一制作好细节部分，旋转复制、焊接，得到一圈完整的左轮弹夹。

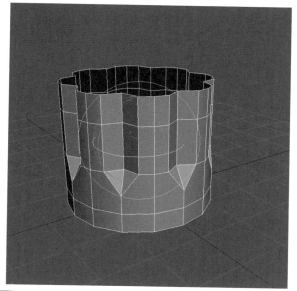

38 填补顶部并添加环行线，搭建八个六边形，便于进行布尔运算，挖出我们的弹孔。

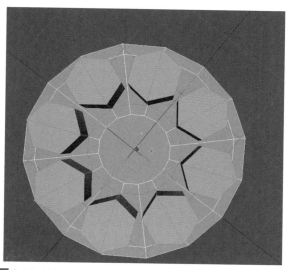

39 布尔运算得到现在的形状，但是布线是乱的，需要进一步调整。

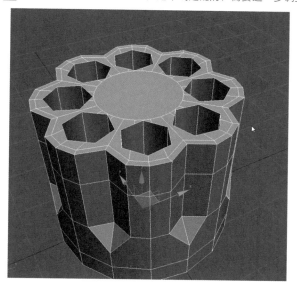

40 选择左轮手枪弹夹的八分之一，其他的删除，并调整布线。

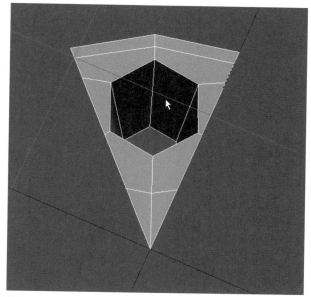

41 旋转复制出另外的模型部分。

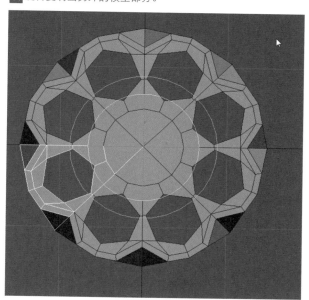

42 选择需要固化形状的轮廓线。

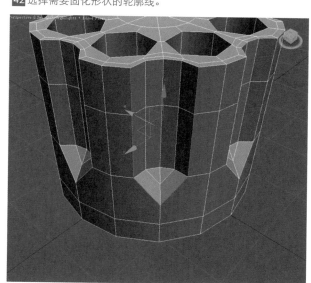

43 选择所有的结构边，用 Chamfer Edges 进行倒角。

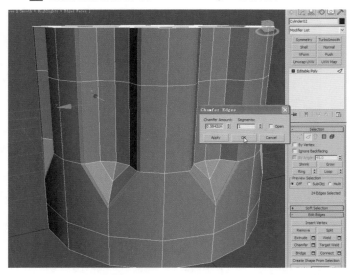

44 选择顶部的面，挤压一个斜边，并添加保护线。

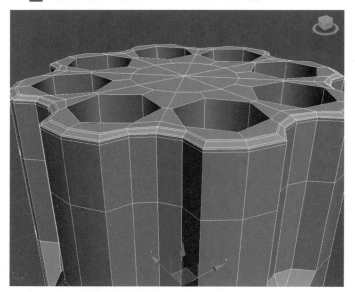

45 为弹孔添加保护线。

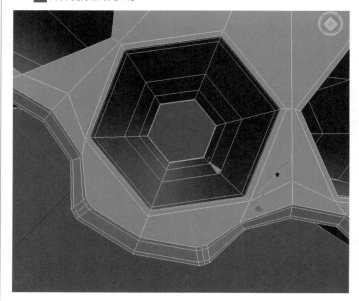

46 切好保护线之后，旋转复制，并焊接合并模型。

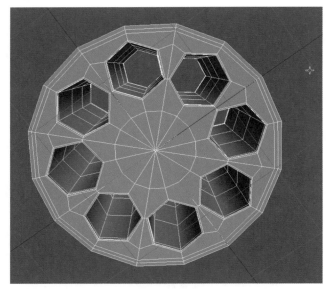

47 拉一个六边形圆柱，加线调整形状，做弹壳部分。

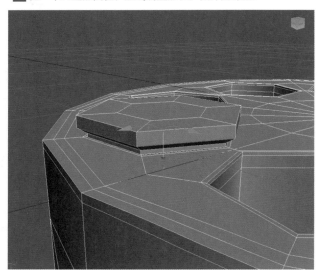

48 旋转复制其他弹壳。

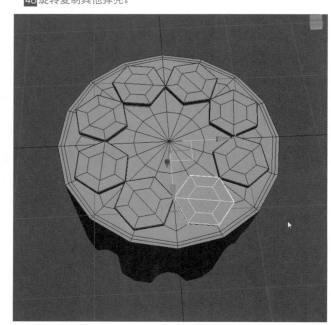

49 框选左轮模型，导入到 Maya 中，使之旋转并缩放大小，适合枪身部分。

50 在光滑模式下，观察一下模型的效果。

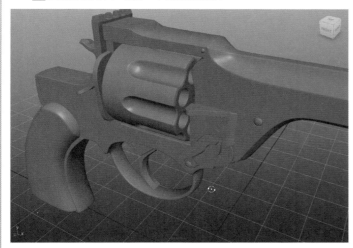

51 旋转模型，检查保护线是否给得到位，对不顺畅的部分进行微调做调整。

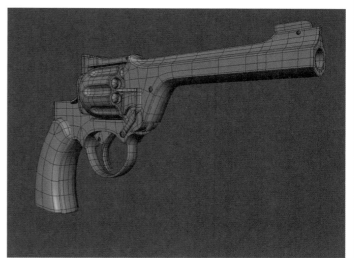

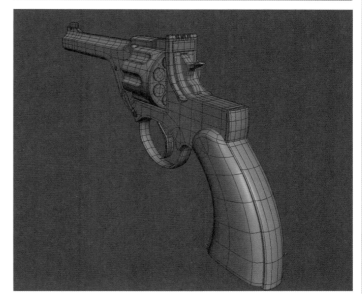

到这里，高模就制作完成了。

12.6 制作低模 《

低模的制作，需要注意面数的把握、外轮廓剪影的把握，尽量不要有废面废线的错误出现，这里采取的方法是：从高模减面，删除不支持造型的线，来得到低模。

01 在高模光滑模式下，复制一个高模，删除保护线，切线保证低模
的弧度跟高模的弧度接近，得到我们的低模。

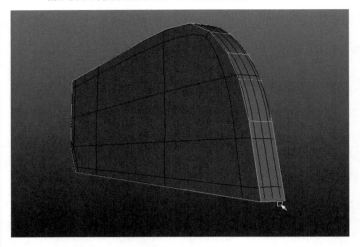

02 用同样的方法经过不断的减面、加线增加圆形的弧度，得到枪身
的低模。

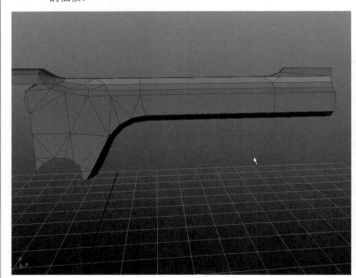

03 用同样方法得到枪身另一部分，尽量保持每条线都有它的作用。

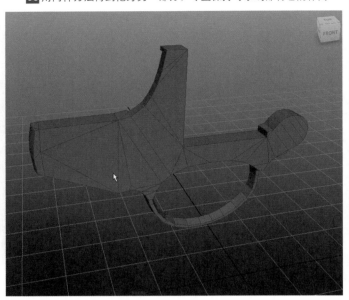

04 经过不断的努力（方法如上），得到现在的低模，三角面数没有
4116，因为不是按照项目要求，所以面数自己把握，但是尽量保
证没有废面、废线的存在，做到精简就好。

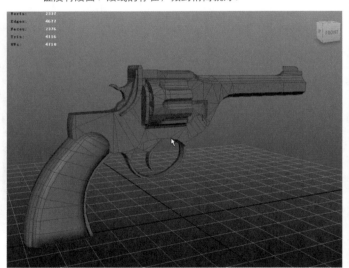

12.7 拆分UV 《

UV 拆分的软件和方法比较多，之前章也多次提到，除了软件自带的，经常用到的 UV 拆分软件有 UVlayout、Unfold 3D，还有一些软件的插件
拆分工具，目的都是为了快速拆分 UV，得到没有拉伸的、比较平整的 UV，方便我们比较顺利地绘制贴图。

这里采用的方法是用 Maya 自带的拆分软件。

01 首先打开所有的模型，删除相同的另一半，选择把手，打开 UV
编辑器图。

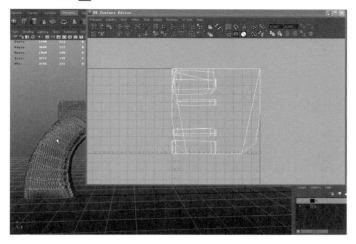

02 进入 Face 级别，全选。

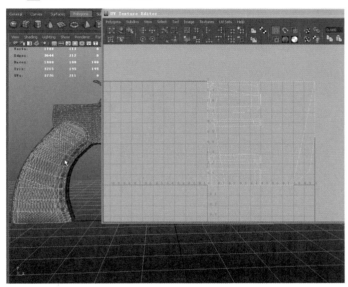

03 在 UV Texture Editor 中按下 Shift+ 右键，选择 Planar Map。

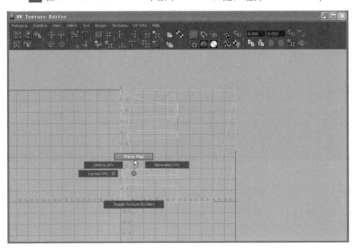

04 在透视图中选择 90 度的交界线，然后在 UV Texture Editor 中执
行 Cut 命令，把 UV 切开。

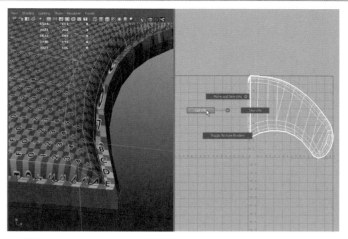

05 在 UV Texture Editor 中，框选 UV，选择 Smooth UV Tool。

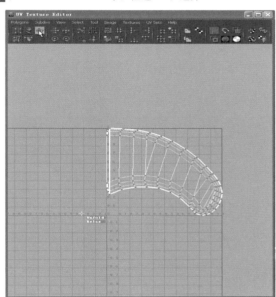

06 在 Unfold 按钮上（图中红色标示区），不断地向右拖曳鼠标，
得到平整的 UV。

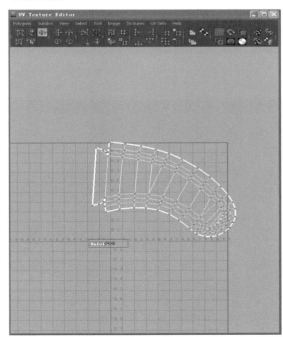

07 其他部件的拆分方法同上，不断努力后，得到现在的 UV，UV 的排列相对来说比较简单，只要坚持两点：

- UV 的间隔缝隙大小在四个像素左右，所有部件的 UV 分辨率大小要尽量保持一致。
- 整齐排列 UV，尽量撑满 UV 框。

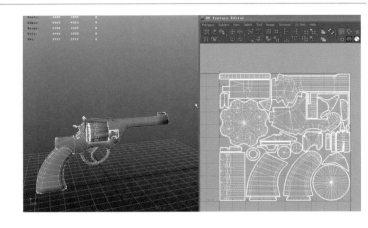

12.8　Normal/AO 的烘焙

大多数的 Normal 烘焙，软件自带的功能完全足够，当然还可以用一些外置软件插件，比如 Maya 的海龟渲染器、Xnormal 等，但是目的都是为了得到高质量的 Normal。左轮手枪这个例子采用的方法同样还是 Maya 自带的工具。

01 点击手柄的低模，执行 Lighting/Shading → Transfer Maps 命令。

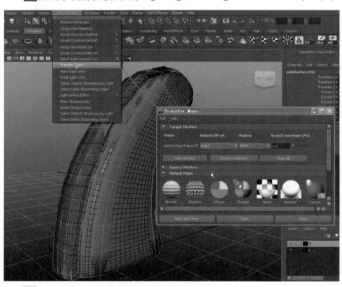

02 按照图示，加载低模、高模，打开封套，设置数值为 1，尽量不要把封套的数值设置过大，数值过大烘焙出来的 Normal 容易变形。

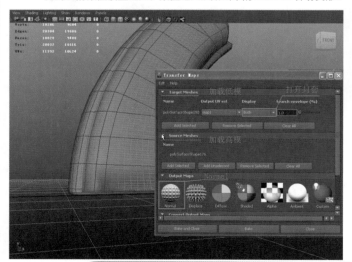

03 设置输出路径、格式、Normal 的烘焙方式、尺寸。

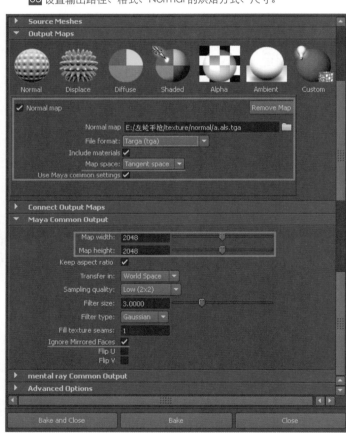

04 烘焙好之后在 Photoshop 中进行图层的合并。

07 打开 Crazy Bump，导入黑色的选区图片，按照图中的参数设置如下，然后导出转换好的 Normal。

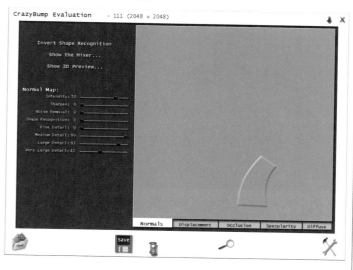

05 把 Normal 赋予模型，看一下效果，现在手柄上缺少一点细节，我们通过绘制图案来实现细节的表现。

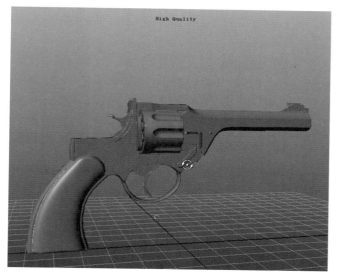

08 导入网状的选区图片，按照如图的参数设置。

06 首先绘制两个区域，分别压出 Normal 的细节，如图黑色部分是我们压出选区的一个 Normal 的效果，网状图案则压出手柄的凹凸摩擦质感的 Normal 效果，这里用到 Crazy Bump，这个软件转换出来的 Normal 是非常有质感的。

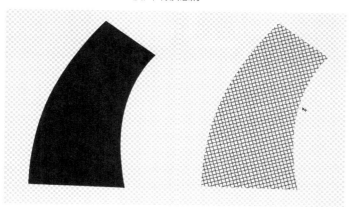

09 将 Crazy Bump 转换的两张 Normal 导入 Photoshop，用遮罩去除不需要的部分，图层模式使用正常模式就可以。

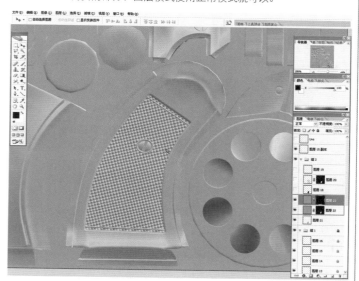

10 赋予·模型观看效果，注意手柄的细节。

11 左轮手枪的 AO 烘焙工具采用了 Maya 的海龟插件 ，海龟的优势在于它烘焙的速度和质量都非常好。AO 在颜色贴图的作用就是增强模型的立体感。加载好海龟渲染器后，打开 Hypershade 材质编辑器，创建 llr Occ Sampler、llr Normal map，把 Normal 拖曳进材质编辑器的工作区。

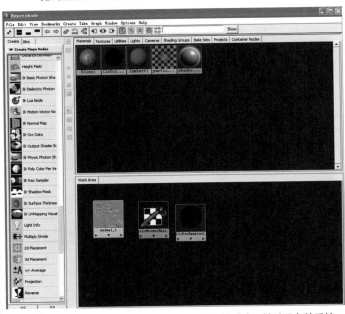

12 参考操作如图，把 Normal 赋予 OCC 材质球，并赋予左轮手枪。

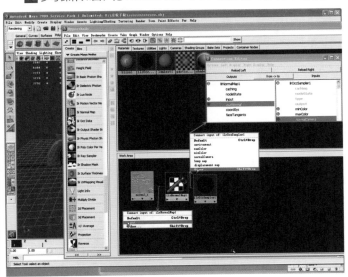

13 渲染面板参数参考如图设置。

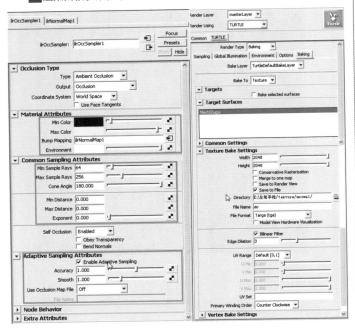

14 点击渲染按钮，经过一段时间的计算，AO 就烘焙好了，由于我们设置的采样参数不高，烘焙计算的速度还是相当快的，大约三分钟左右的时间，如果想要烘焙更高质量的贴图，只要把数值相应的调高就可以了，需要注意的是，数值越高，花费的时间越多，但是得到的效果比较好。

在经过了高低模、Normal、AO 这些枯燥的阶段之后，要进入最神奇的步骤了，好的模型，一定要把颜色贴图绘制好，在颜色、材质上，尽量去参考参考图，达到更接近的效果，质感要着重表现。

01 AO 用"正片叠底"的图层模式叠加，不透明度一般会设置在 50% ~ 75% 之间，按照需要来设置数值大小，Color 图层填充物体的固有色。然后赋予模型看一下效果。

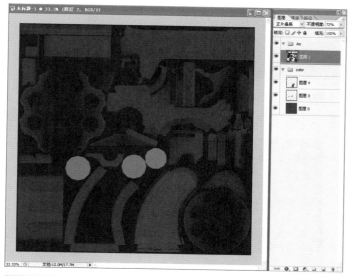

02 新建一个灰度图层，RGB 数值 128、128、128，图层模式采用"叠加"，用加深减淡工具加强贴图的立体感。

03 找一些纹理材质叠出质感。这里我用了四个：两张金属材质，一张苹果去色的，一张是 Photoshop 滤镜添加杂色得到的。四张贴图都是"叠加"的图层模式，图层的不透明度可以自己掌握，尽量保证不要太突兀。

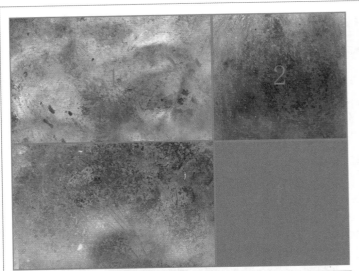

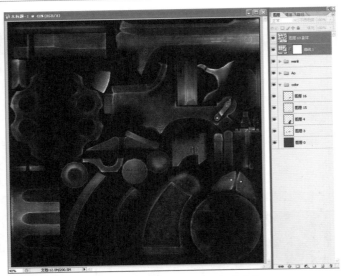

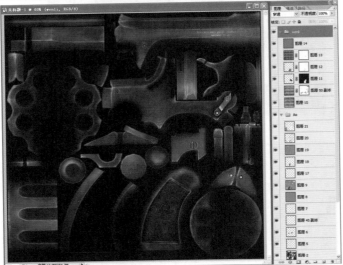

06 新建一个图层，在左轮上添加划痕，增加质感。

04 在 Maya 里观看效果。

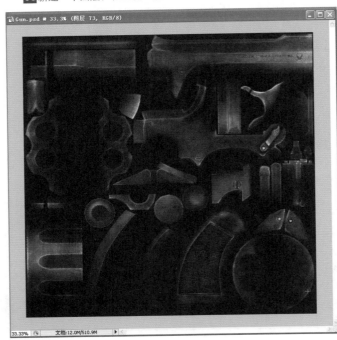

07 赋予模型，在 Maya 里观看效果，并找到不足的地方，尽量绘制更多的细节在贴图上。

05 做颜色贴图的颜色变化，新建图层"柔光"的图层模式，并改变不透明度，用画笔画一些偏蓝和橙的颜色，添加"曲线"图层，降低颜色贴图的亮度。

之前反复讲到，高光贴图对于次世代物件是非常重要的贴图，高光直接体现物件的质感，一般反光比较强的物件，制作高光贴图的时候要相对做亮，不反光的物件，会相对制作地暗一些，结合现实生活中物体给我们的光的感觉，来制作高光贴图，更容易帮助我们理解高光贴图的绘制。

01 在 Photoshop 中选择叠加的纹理图层，对每一个图层都执行"图像"→"调整"→"色阶/曲线/亮度对比度"命令，保证叠加的纹理能清晰地体现在贴图上，然后再新建一个中灰色的图层，用"叠加"的图层模式，用加深减淡工具，对不清晰的纹理进行细致的刻画，把高光贴图的体积感绘制地更强一些，保证细节清晰。

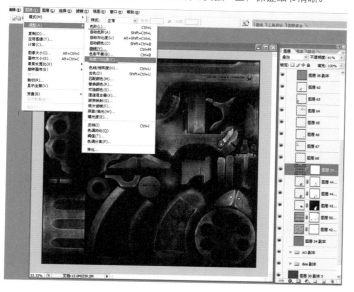

02 把高光贴图贴在 Color 通道里，观察高光贴图，对于表达不清楚的地方继续深入刻画。对于反光不够强的地方，增加亮度——我们都知道手枪磨光的地方反光是很亮的。

04 把颜色贴图、高光贴图、法线贴图，赋予正确的材质球通道，打开高显，看下最终的效果。

03 通过添加色阶图层、曲线图层，增加高光的对比度，复制 Color 颜色变化的图层，放在高光的最上层，调整不透明度，增强高光的质感，在 Maya 里观察效果。

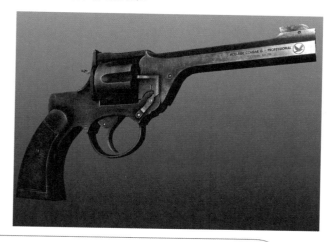

　　为了衬托枪支的质感和气氛，通常会打一些灯光做辅助。这里简单介绍一种灯光的方法。采用的是三点灯光的打法。一盏主光源、一盏辅光源、一盏背光源：主光源为了照亮物体，辅助光为了照亮偏暗部分，背光源为了衬托物件的轮廓结构。

　　灯光颜色可以做适当的调整，以能突出主题、烘托气氛为主。

打开三盏灯，看下效果。

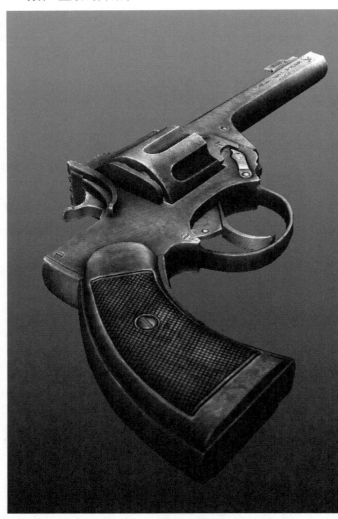

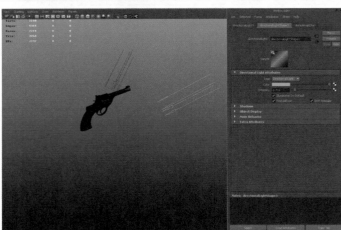

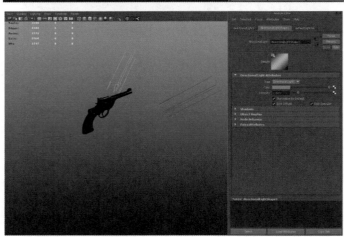

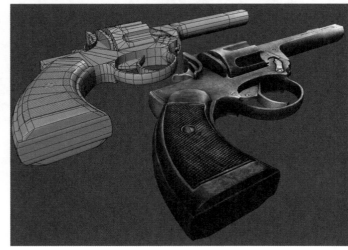

（1）参考图——方便我们在制作模型时能顺利的进行有个实际参考目标。

（2）搭建初级模型——容易把握形体，及时纠正错误。

（3）细心刻画模型细节——体现模型的精致部分。

（4）对模型添加保护线——理解保护线的添加和应用效果，对把握造型有很大的帮助。

（5）高模完成，整体调整——调整一些细节的位置，保证整个模型的结构正确。

（6）制作低模，拆分 UV——用最少的线表现最好的剪影效果，在好的 UV 上画贴图事半功倍。

（7）Normal/AO 的烘焙——细致的 Normal /AO 能更好地体现物体的立体感。

（8）颜色贴图的制作——画龙点睛的重要步骤，细致的颜色贴图，更好地体现物件的细节。

（9）高光的制作——理解高光的制作方法，在制作其他物件的时候能更好地体现物件的质感。

（10）灯光——好的灯光能更好地衬托物体。

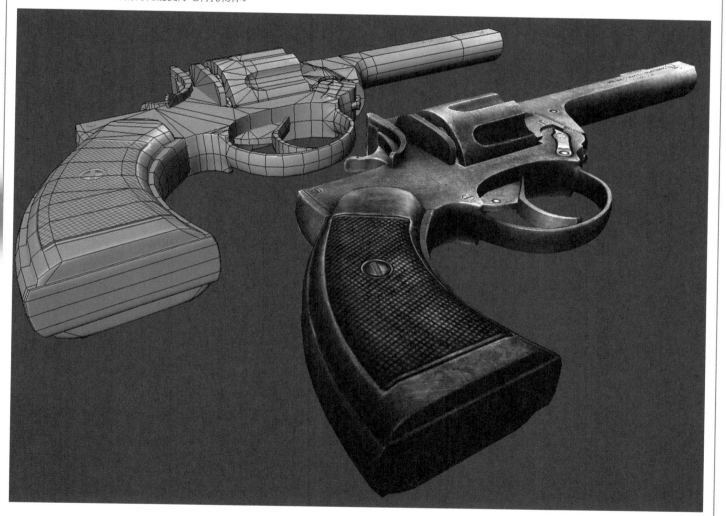

摩托车也是次世代游戏中的常见物件，本章通过摩托车案例讲解次世代游戏中，交通工具的制作技巧及流程。最终效果图如右图。

在制作流程上，摩托车的制作并无特别之处，可以对比本例与 11 章案例，体会细节上的差异和全新的技巧。

（1）分析参考图。

（2）搭建大的模型结构，完成中模的制作。

（3）在中模的基础上完成高模的制作。

（4）在中模的基础上完成低模的制作。

（5）分 UV，烘焙法线线贴图，AO 贴图。

（6）在 Photoshop 中绘制贴图。

（7）整理文件。

到手一张参考图之后，要先去分析而不是制作。分析在制作模型过程中用到的命令，模型是怎么穿插的，用什么方法做最简单，高模中哪些是需要做的，哪些不需要做，哪些可以转法线，还有最后贴图会达到什么效果。这些要在前期想到，做起来才会顺手，节省时间。当然有些参考图的细节不是很清楚，这时候就要设法搜索更多的细节做为参考。

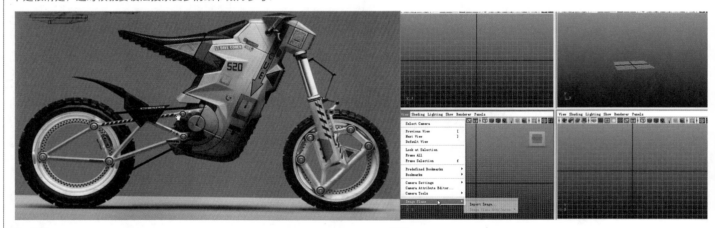

01 这张参考图还算不错，是张正侧视图，导入 Maya 里做起来可以节省不少时间，对形体的把握也会精确不少。如果有三视图就更顺手了。

02 在 Maya 的右边属性栏调节图片的大小、位置。

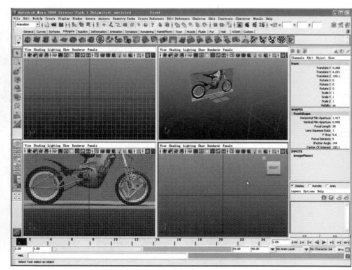

03 把参考图导进来之后，可以看到，侧视图和透视图都出现了参考图。

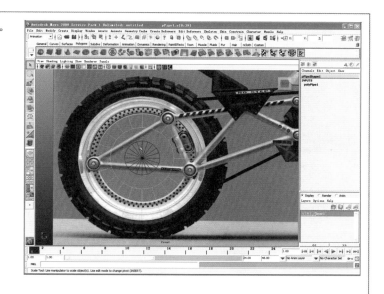

13.3 搭建大型、制作中模 《

01 把图片设置好之后，就可以开始制作了。制作过程中用的都是最基本的多边形，有了详细的参考图做起来方便了许多。

02 侧视图可以很好地把握形体大小，由于没有顶视图，厚度不好把握，这个就要看自己的感觉，也就是是否能让人接受。

03 倒角，然后通过调节点线面来调节形体大小。

04 把搭好的后轮胎大型复制出来，提到前轮胎，前后轮胎大小不一样，通过侧视图调节大小。

05 做的时候要来回切换视图来观察，这样才能更好的把握形体。

06 继续用最简单的 BOX 搭建形体，把握整体比例。

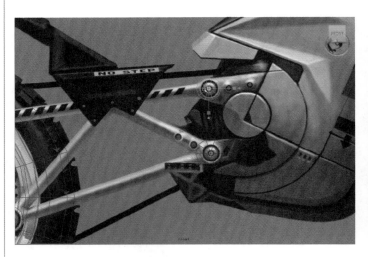

07 能共用的尽量共用，可以节省不少时间，不用考虑的太复杂，就用最简单的 BOX 堆砌就好了。

08 管子上面没什么结构，最后不用烘焙法线贴图，做的时候根据面数的要求、管子的段数直接做到位，一来可以节省时间，二来可以节省资源。

09 管子的位置基本都在一起，所以它们的粗细一样，要做的只是复制，调整位置。

10 继续用简单的 BOX 来搭建模型，不断切换视图来把握整体大型。

11 在侧视图中可以看到，我们是从轮胎开始的，就由轮胎散开搭建。

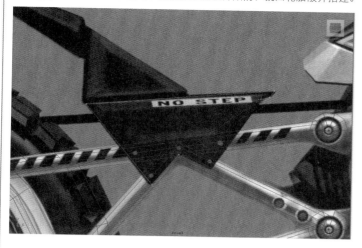

14 不用考虑太多，还是用简单的多边形搭建模型。

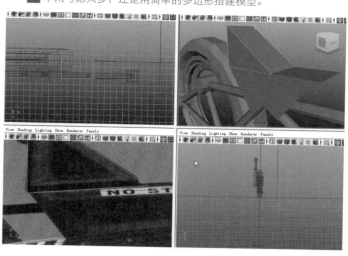

12 根据侧视图继续搭建模型。

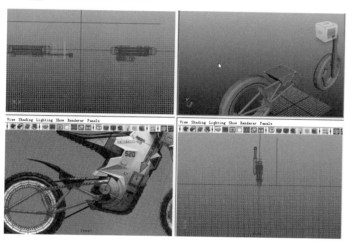

15 在其他视图中调整厚度。

13 切换视图来调整物体的厚度。

16 做成面，挤压出厚度就可以出效果了。

17 对称的东西只需做一半，然后复制。

20 然后再挤压成实体。

18 小的东西搭建完了，然后搭建车身。

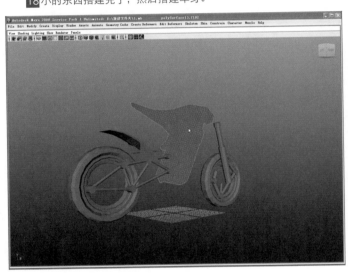

21 通过加点、加线来细化模型细节。

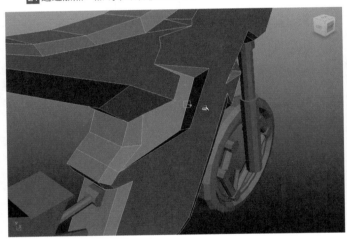

19 先做成一个面，卡住大的形体结构。

22 注意有些地方的高度。

23 有些地方可以通过晶格来调整,方法是多种多样的,出效果就可以。

24 调整细节,用尽量少的点线面来控制物体的大结构。

25 弧度的地方段数要给足,不然后期调整起来很麻烦。

26 其他位置也要跟上,只有搭建出所有的模型,才能更好的控制模型。

27 用尽量少的段数来控制大的形体结构。

28 调整细节,根据侧视图继续细化。

29 凹槽的地方也可以布成双线。

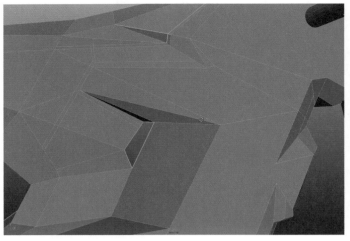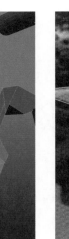

30 这时候不用去整理那些多出来的线，先要把结构做出来，然后再去收拾那些线。

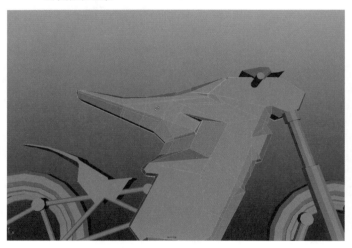

31 做细节的同时要不断观察形体比列和结构。

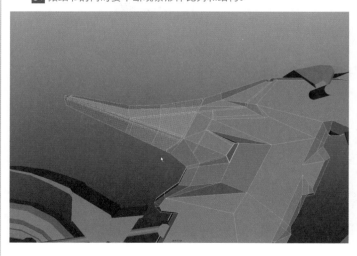

32 大型差不多之后，该分离的面就分离开。

33 根据视图把需要的结构用线布出来。

34 应用挤压命令，深度根据参考图挤到合适的位置。

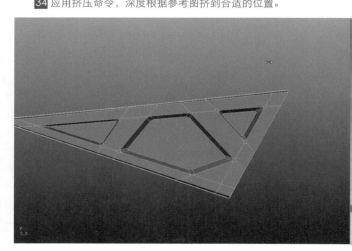

35 如图这种结构，尤其是做低模的时候，要把里面的面稍微收一下，这样后期烘焙的时候可以更好的表现出来这个深度。

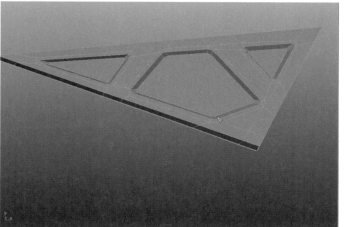

37 切换到透视图，整体查看形体结构。

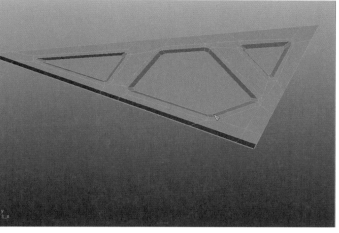

36 这时候把线合理地布出来，基本还是根据结构布线。

38 细化模型，根据结构布线。

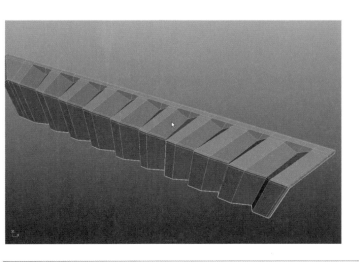

13.4 制作高模 《

01 在结构正确的情况下可以加保护线。

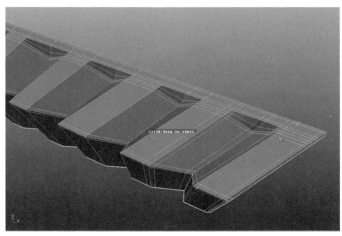

02 加保护线的时候，一般情况下都是结构的左边一根、右边一根，有时候两根也可以，这个主要看需要的模型的软硬程度。

03 如果模型比较标准，一般用加环线命令，左边一根、右边一根把结构卡住，形体就出来了。

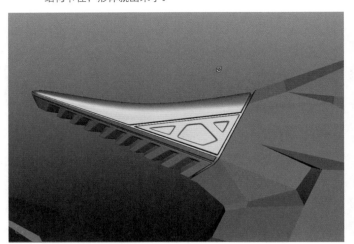

06 不断观察模型，考虑用什么方法细化模型最简单。

04 加保护线的时候要不断的在模型的光滑模式下查看，一定要给Blinn 材质，可以更好地查看模型是否光滑。

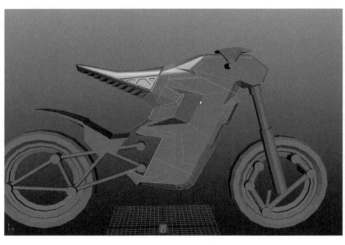

07 做细节的时候要不断通过别的视图来查看模型是否走形。

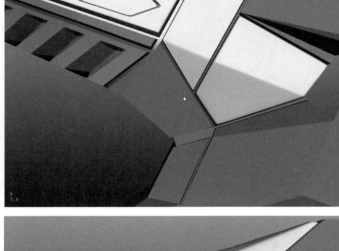

05 细化车身。

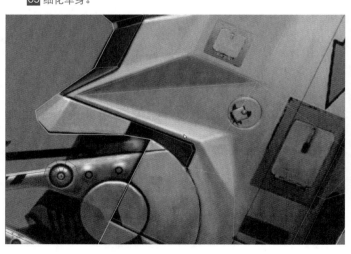

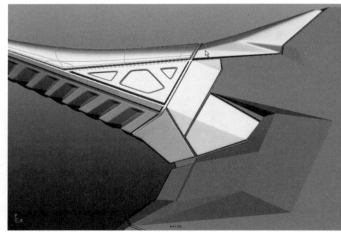

08 做高模的时候同样还是从一个位置向周围扩散。

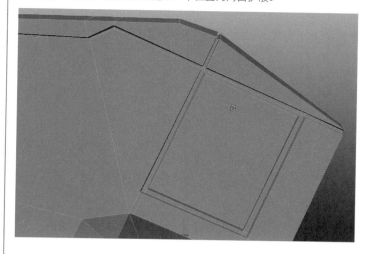

09 细小的凹槽也一样，不能做成垂直的，否则后期烘焙的时候可能只能烘出一条细线，这时候应该把地面收一下，做成梯形，这样就可以把那个侧面也烘焙出来。

10 研究车身形体，准备细化模型。

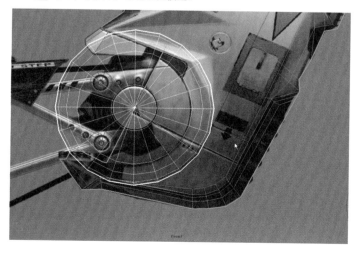

11 车身下半部分大致是个圆形，最好的方法就是先用个圆面来当参考。

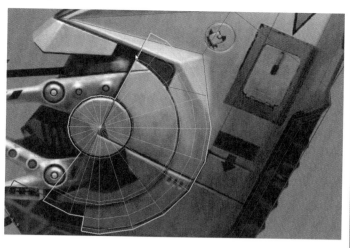

12 根据结构布线，把需要的留下、不需要的删除。

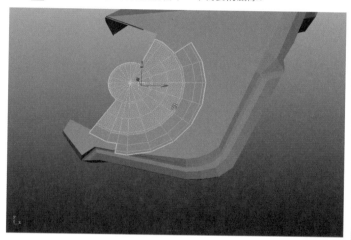

13 结构用线布置出来后，用分离面命令把结构分解，利于后期加保护线。

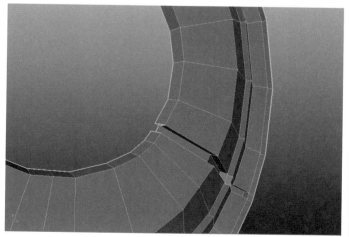

14 调整模型细节，分离模型的时候会遗留一些问题，比如没合并的点，
这时候一边做一边要把这些小问题解决了。

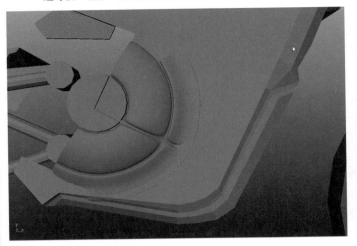

15 用光滑模式查看模型，看是否理想。

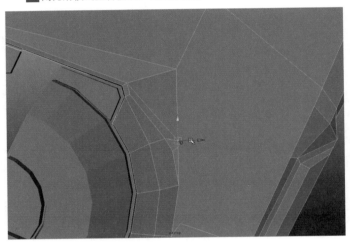

16 合理布线，把后期做的圆面和车身合并在一起。

17 把模型拉近，观察效果。

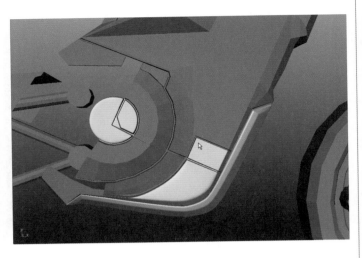

18 加保护线，赋予 Blinn 材质。

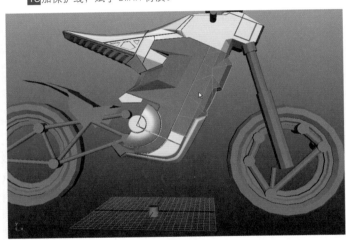

19 向周围散开。

20 这样车身的高模就做完了。

21 车身做完之后，比较大的物件就是轮胎了，我们开始来做轮胎。

22 通过挤压、放大、缩小等来细化模型。

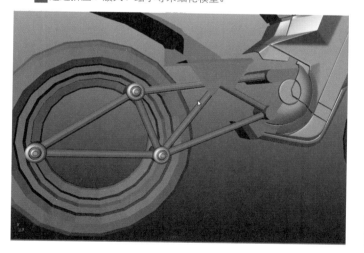

23 能共用的尽量共用，比如零件。

24 支架基本没变化，直接赋予 Blinn 材质就好。

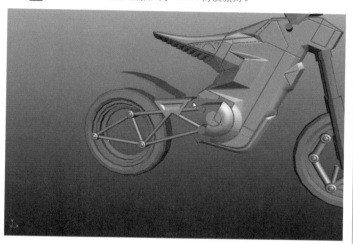

25 把后轮周围的结构慢慢"卡"出来，给 Blinn 材质。这样还有一个好处就是不会遗漏模型的保护线之类的工作。

26 继续把周围的东西做出来。

27 根据侧视图来细化模型。

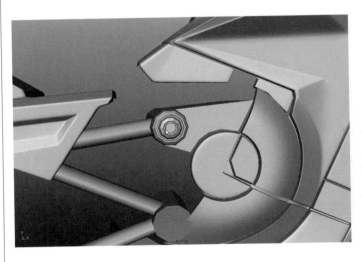

28 轮胎花纹的制作，还是用最简单的 BOX 来搭建。

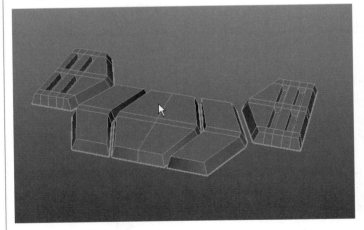

29 花纹处理完之后，移动到轮胎表面。

30 打开复制模型命令，把坐标移动到轮胎中间，设置好旋转的角色大小、个数。

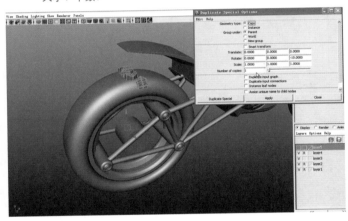

31 旋转一圈，轮胎就出来了。

32 切换到其他视图，把前轮胎也复制出来，查看整体效果。

34 这样模型的高模就算完成了，然后不断通过不同视图来查看模型是否还需要改动。

33 模型能穿插的就用穿插，不断地根据参考图来细化模型。

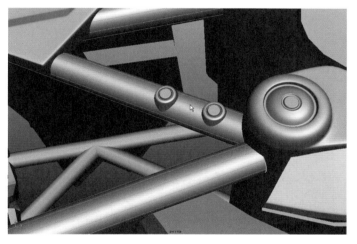

35 模型是对称的，所以只做了一半，不过这时需要把另一半也复制出来，这样才能更好地观察。

13.5　制作低模 《

01 高模做完之后，开始来制作低模，低模不用重新开始来做，把前期做的中模调整一下即可。

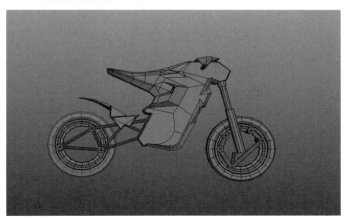

02 这时有个比较重要的环节就是高低模型的匹配问题，有好的匹配才会出现好的法线效果，要不断通过调整模型来匹配两种模型。

03 最常用的方法就是，高模给个实体颜色，低模给个半透明材质，这样可以更好地观察。

04 通过不同角度来调整模型。

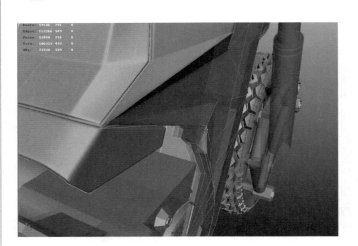

05 在调整低模的时候要一次到位，删除不需要的面，也就是穿插的、看不见的面都要删除。

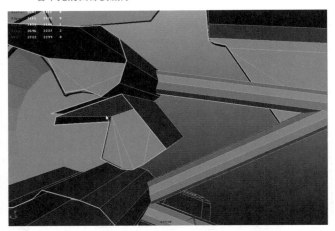

06 低模就算完成了，轮胎是要整体包裹的，这是特别需要注意的。再就是共用的部分这时候没必要全做出来，比如轮胎只做一个就可以。

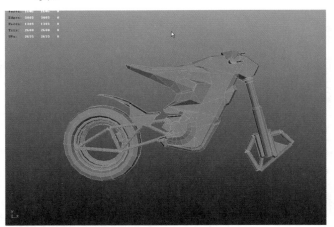

13.6 分UV 《

01 低模完成之后，下一步工作就是展 UV 了，在展 UV 之前要给模型贴上方格。格子的作用就是展 UV 的时候便于观察 UV 是否有拉伸、是否倒置等错误。

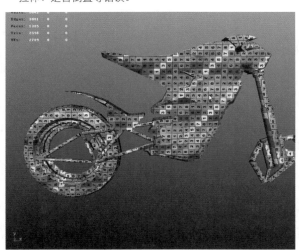

02 打开 UV 编辑器，UV 自动展开之后就会看到如图效果。这时候的 UV 都是无拉伸的，不过太碎了。我们下一步要做的就是整理 UV，能连接在一起的都连接在一起。

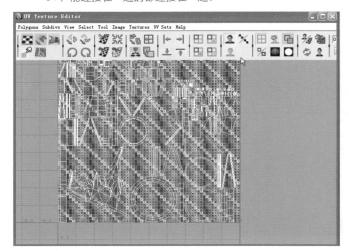

03 单独选中模型，在 UV 编辑器中就会看到选中模型的 UV，这时候我们要做的就是整理这些分散的 UV。

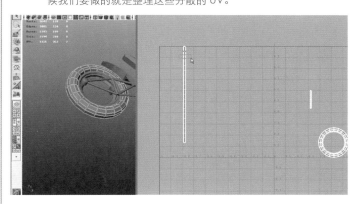

04 管子的 UV 都是要打直的，在打直之后也要适当摆放，可以节省资源，给后期处理节省时间。

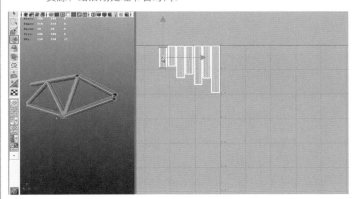

05 把每一部分都整理完之后，再整体整理，把横平竖直的放在一起，细碎的放在一起，可以有效的节省 UV。

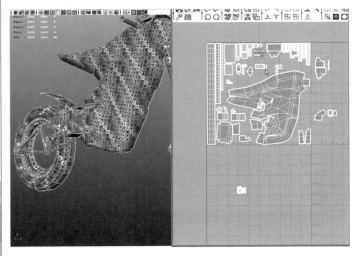

06 下图就是摆好的 UV，对 UV 的利用率一定要高，这样画出来的贴图才会清晰。

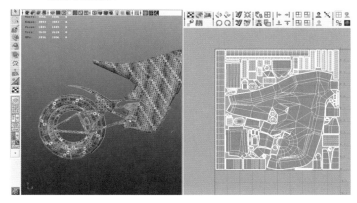

- 分 UV 的时候还要注意合理分配 UV 空间，不能有较多浪费；
- 一个重要的原则就是要充分利用 UV 空间，需要连接在一起的 UV 尽量连接在一起。条件允许我们可以只分一半 UV 进行烘焙，能共用的部分可以共用。

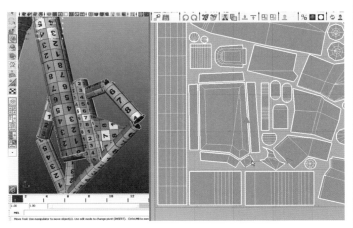

07 然后把垂直的 UV 断开，这是为了设置模型软硬边。

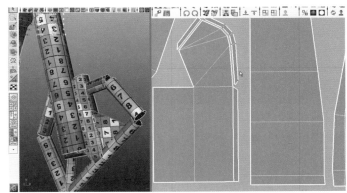

08 UV 和 UV 之间距离是 3 到 4 个像素，这是后期为了烘焙贴图的时候保护边缘而给边缘溢出值留下位置。

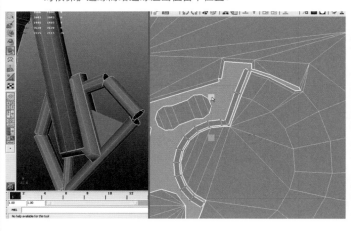

09 就算是细小边缘也要断开，这样烘焙出的贴图才有个好的效果。

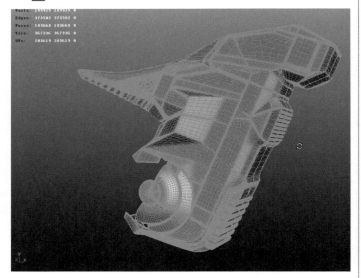

13.7　烘焙法线贴图 《

UV 整理好之后就可以准备烘焙法线贴图了，由于车身的低模是整体拓扑的，加上高模面数之后电脑硬件还可以接受，于是就整体组合在一起烘焙了，如果电脑硬件接受不了，就只能分开一块一块烘焙了。

01 高模完成光滑后，导出 OBJ 格式的文件。

02 低模也导成 OBJ 文件。

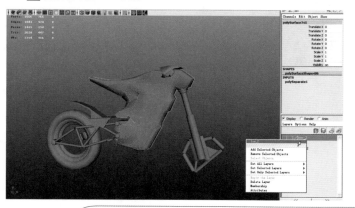

03 加载高低模型的 OBJ 文件，在 xNormal 中设置好文件，得到法线贴图。

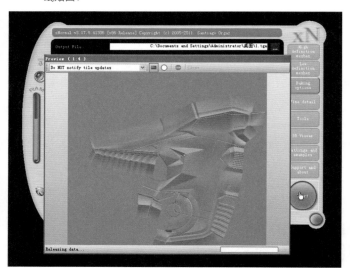

04 打开 UV 编辑器窗口，导出线框图。

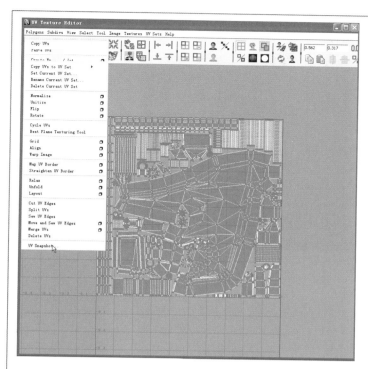

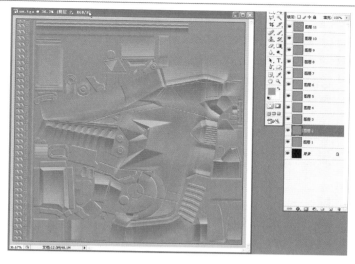

07 下图就是低模法线的一个效果。

05 把 UV 线框图在 Photoshop 中打开，为后期处理贴图做准备。

06 把烘焙好的法线贴图全部拖进 Photoshop 中，整理法线贴图，然后合并成一张。

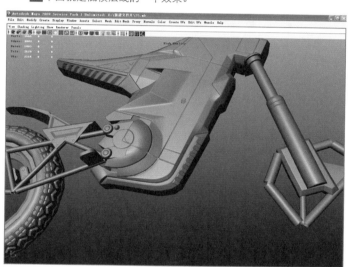

08 法线贴图就是在低模的基础上创建高模的细节。

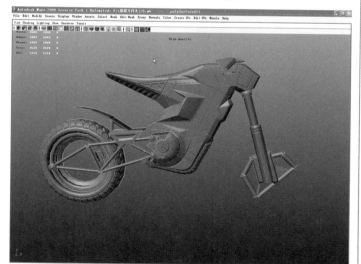

09 打开 OCC 材质球，导进法线贴图。

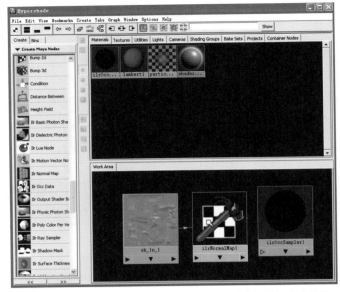

10 设置 OCC 材质球，不要设置为纯黑和纯白色，并设置采样值。

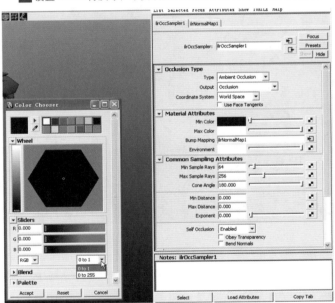

11 设置渲染精度，AO 贴图没必要太细致，用默认的就好。

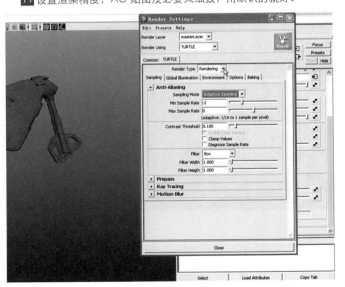

12 加载低模。

13 设置贴图大小、文件存储路径、格式、溢出值。

14 在摩托车下面做一个面片，用来挡住下面的光线，烘焙出的 AO 就会产生下面暗一些上面亮一些的效果，物体的体积感会增强一些。

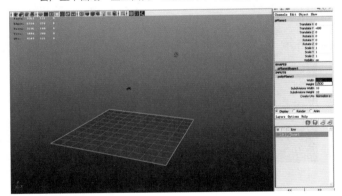

15 低模加 AO 贴图的效果，AO 有些地方的光影信息不对，要进 Photoshop 去处理。比如轮胎上的阴影关系，轮胎不能出现那种大的光影关系，必须要修掉。

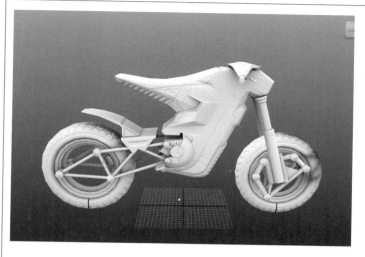

16 在 Photoshop 中修理 AO 贴图。

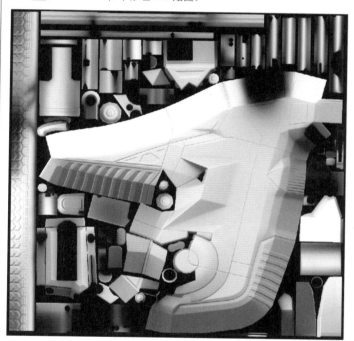

17 回到 Maya 查看效果。

18 修理完的 AO 贴图。

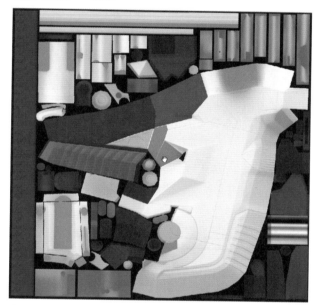

把 Normal 和 AO 修理完之后就可以绘制 Color 贴图了。

13.8　绘制颜色贴图 《《

　　一张好的颜色贴图（Color、Diffuse），应该是直接在贴图上面就能够看出各部分的材质类型，单纯在贴图上的效果看起来不错的话，贴到模型上面去效果也不会差。当然在次世代游戏里面会使用高光贴图（Specular）来表现物体的质感，但在颜色贴图上有了易于识别的材质类型的话，对最终效果的表现也会很有好处。

　　绘制 Color 贴图的时候，首先要把 Photoshop 图层设置清楚。

　　设置几大图层组

- Color
- Specular
- Normal

在次世代游戏中最常用的就是上面的三张贴图。

01 绘制颜色贴图的时候可以先填充底色，填充底色的时候根据物体的固有色，不用考虑太多，不能受物体其他颜色的影响。

填充底色的时候需要注意几点：

- 底色要接近于物体固有的颜色。
- 注意明暗搭配，色相变化。物体固有的颜色还是以灰色居多，我们在处理底色的时候要艺术化，最常用的就是多做色相变化，冷暖搭配。

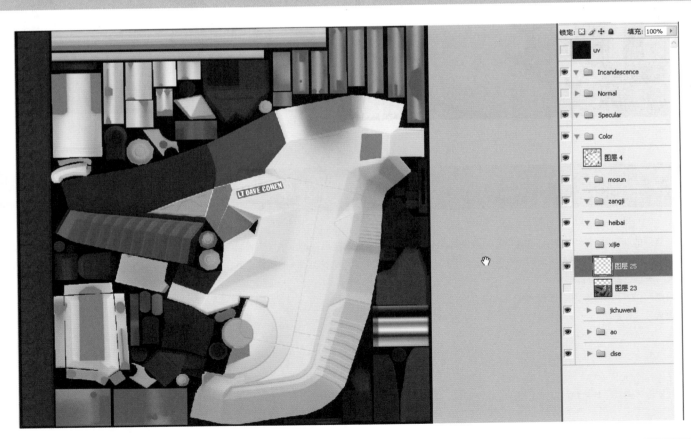

02 填充完底色然后贴在模型上面看效果，下图就是颜色贴图加了法
线贴图的一个效果。

填充完底色之后，开始在细节图层添加一些标志等。装饰性的东西，
可以让你的东西看起来更接近于现实。

03 标志是必不可少的，如果有参考图就严格按照参考图来。添加一
些细节之后贴在模型上查看效果。

04 下图就是根据参考图添加完全部标志之后的一个效果。

05 在 Photoshop 中的效果。由于 UV 有点小拉伸，所以要尽可能
让标志去匹配原参考图。在 Photoshop 中可能是倾斜的，但是
在 Maya 中却是没有任何问题的。

06 标志添加完之后，准备开始黑白关系。打开法线贴图然后用转黑
白边的插件转出如图的黑白边。

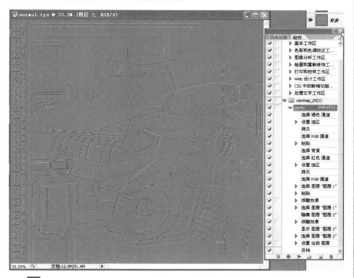

07 将转完的黑白边放进黑白图层里。

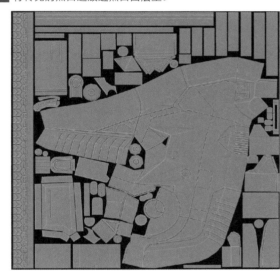

08 用法线转的黑白边用叠加方式，调整一下透明度，不要太死板了，
把这个黑白边调整到看起来舒服的程度。

09 放大细节。

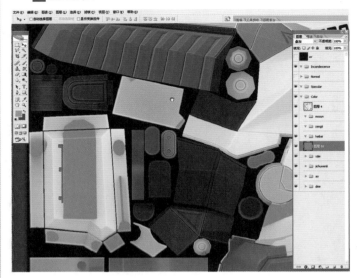

12 贴在模型上面在 Maya 中的实现效果。

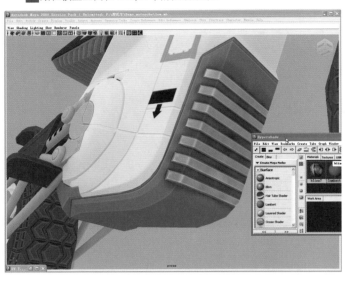

10 接续黑边关系，新建一个图层，用一个 808080 的中灰填充整个图层，然后用叠加模式，因为是中灰，所以不会对下面的图层产生任何影响，然后用加深减淡工具绘制物体的体积。

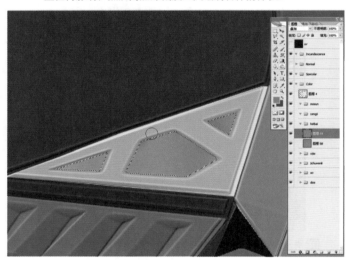

13 继续黑白调整，大的理念就是容易摩擦磕碰的地方就白一些，不容易磕碰（如凹槽里面）就黑一些。

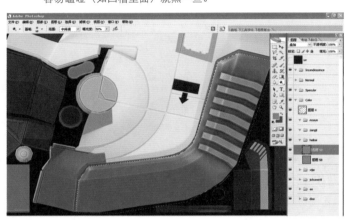

14 在 Maya 里面更新贴图之后的效果。

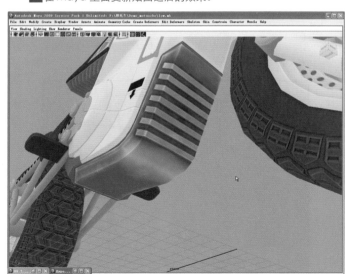

11 在 Photoshop 中绘制的物体体积。

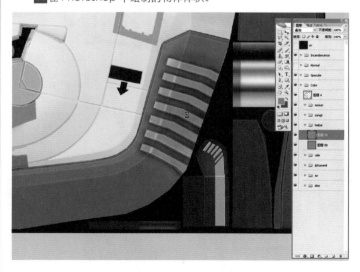

15 画黑白的时候要灵活，不能太死板，或者说手绘的痕迹不能太明显了。

16 在 Maya 里面更新贴图，查看整体效果。

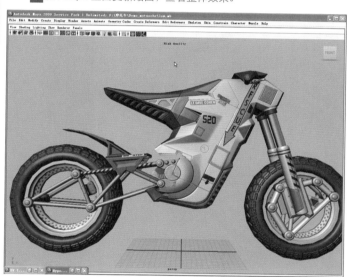

17 在 Photoshop 里面画的黑白细节，螺丝钉周围由于磕碰不到会暗一些，螺丝钉本身是凸起的所以会亮一些。

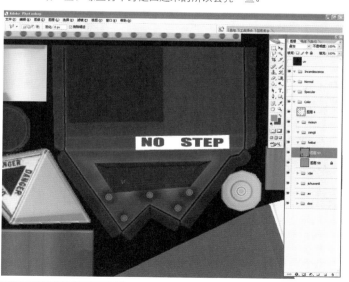

18 在 Maya 里面的一个黑白关系的效果。一个好的效果是层层叠起来的，黑白只是刚开始的一个铺垫，后面还会用到各种材质。

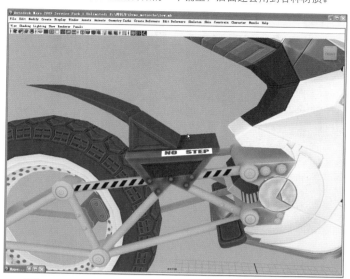

19 接下来处理破损掉漆。车身是白色的，属于漆铁一类，像这种材质首先要处理的就是掉漆。处理掉漆的时候都是在容易磕碰到的地方，要根据结构来。

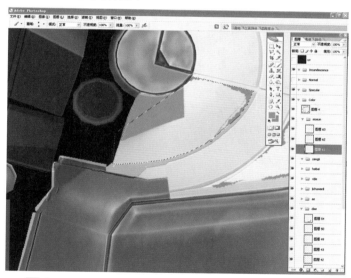

20 在 Maya 里面更新贴图，观察效果。

21 边画边调整，掉漆也得有轻重关系。

22 总的来说，车底容易磕碰的地方掉漆会多一些，越往上走会越干净。

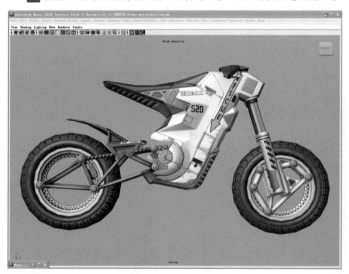

23 开始处理基础纹理，大的方面来说木头有木头的纹理，铁有铁的纹理。不过有时候木头的纹理也可以用在金属上面。金属之间要确保基础纹理的变化，不同的位置贴不同的材质。

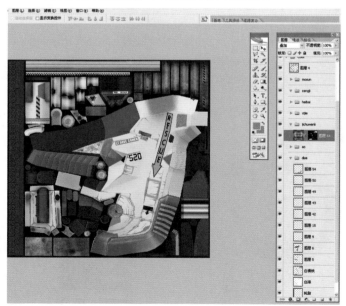

24 在 Maya 里面用无光模式查看。

25 在 Maya 里面打开法线贴图，查看整体效果。

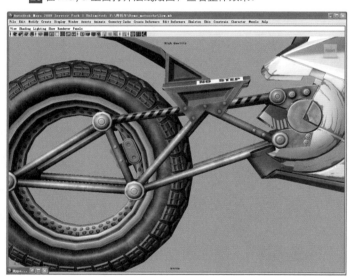

26 铺基础纹理的时候要铺纹理明显一些的。

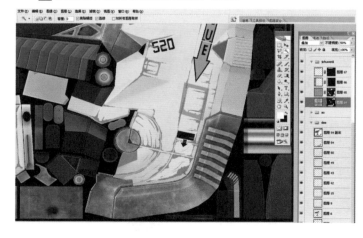

27 在 Maya 里面更新贴图。

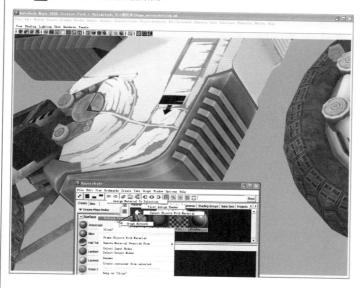

28 由于前期我们画好了黑白关系，后期叠的材质也有黑白关系，这样看起来会更自然一些。

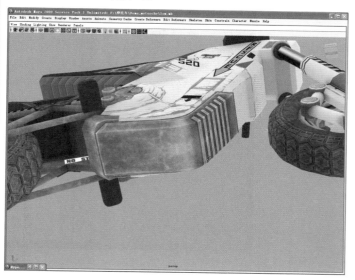

29 给车身（也就是漆铁）铺基础纹理，可能有些人会说漆铁没有纹理，不过我们也要艺术化地去处理一下。

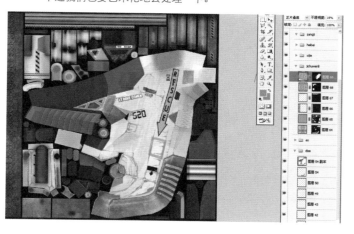

30 在 Maya 里面的效果。

31 绘制脏迹，不容易接触的地方会产生这些脏迹，也就是前期画黑白的时候画黑的地方。

32 凹槽里面的脏迹。

33 车身下面的脏迹。

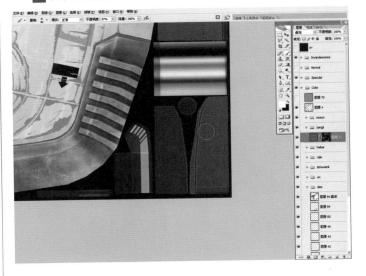

36 在 Maya 里面查看效果。

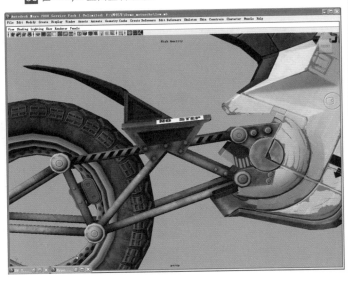

34 在 Maya 里面查看效果。

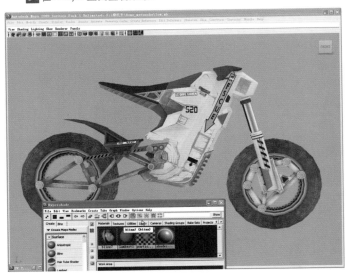

37 绘制轮胎的脏迹。

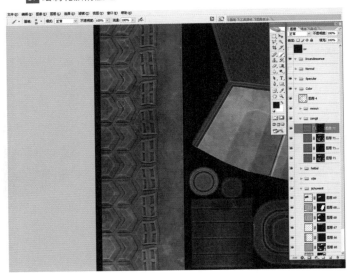

35 螺丝钉周围的脏迹要带点色相，看起来更柔和一些。

38 继续细化每一部分。

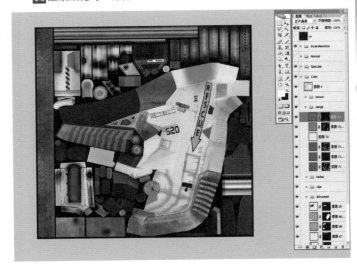

39 在 Maya 里面查看效果。这时候颜色贴图也就基本绘制完了。

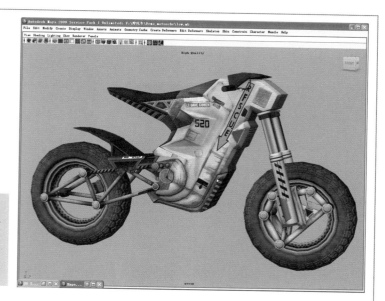

绘制颜色贴图要靠生活的积累，还有就是艺术素养，做的时候要心里有想法，比如你的物体是 8 成新的，或者是被炮轰过的。心里有想法手里才会有东西可画。

13.9 绘制高光贴图 《

接下来我们绘制 Speculor，也就是高光贴图。高光贴图是区别不同材质最重要的一张贴图，有些人处理的时候很随便，其实高光贴图处理起来不比画一张 Color 贴图省时间。

高光贴图处理的明暗关系和颜色贴图是没有任何关系的，比如在颜色贴图中白漆的明度是最高的，而在处理高光的时候最亮的应该是裸铁，所以漆铁部分压暗了一层。

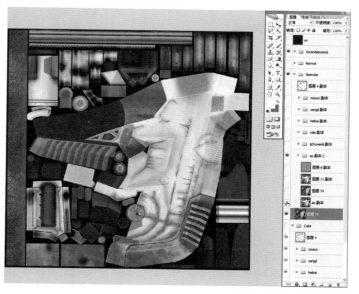

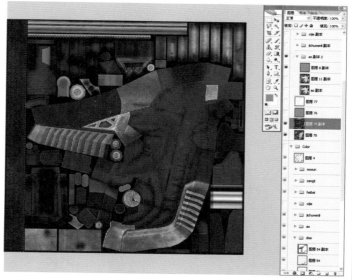

本人处理高光的时候直接把所有在 Color 贴图的所有图层复制一层，提到高光图层里面，一层一层处理。

处理好的高光贴图：

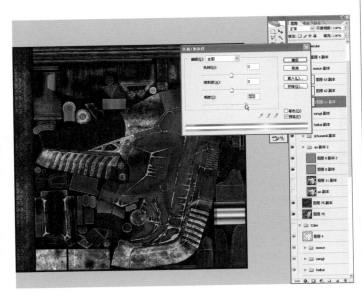

- 首先要处理明暗灰三个图层，不管是全裸铁的还是复合材质的，都要把层次关系拉开。就这张贴图来说，裸铁的最亮，漆铁的其次，橡胶轮胎的暗一些。
- 裸铁的材质最亮，对比也最明显。
- 凹槽的脏迹是不反光的，所以也要压暗一些。
- 车身漆铁的部分也暗一些，不过掉漆那一部分，油漆掉了裸铁就出来了，所以掉漆的部分会亮一些。掉漆周围会产生氧化，所以掉漆周围也会暗一些。

Color 贴图，Specular 贴图，Normal 贴图，三张贴图在 Maya 里面的一个效果。

在完成高低模烘焙的法线基础上，在对颜色贴图的材质进行细节转化，这样可以增加物体的真实感、体积感。标志是有厚度的，所以要转，掉漆有厚底也要转，材质纹理要转，想做出效果就得注意细节。

01 把白纸弄到一层然后在 Photoshop 里面转张法线出来。

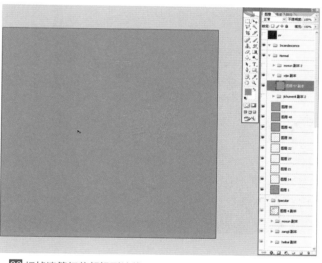

02 把掉漆等细节都提到法线那一图层。

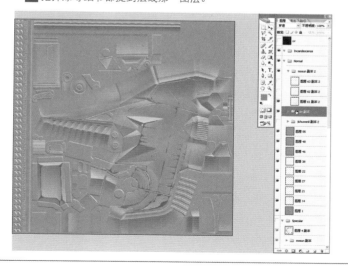

03 转完法线叠加在下面的法线上面，然后记得处理蓝通道。

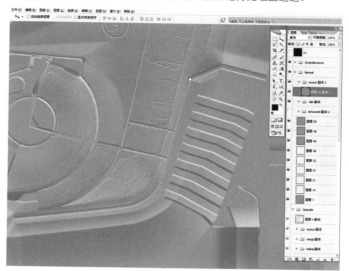

04 最后的效果。

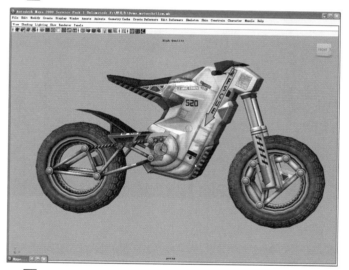

05 加了一点自发光。

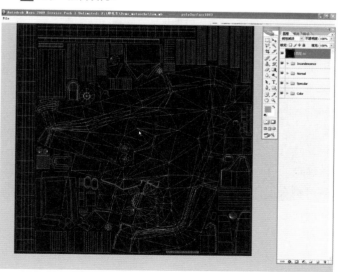

06 自发光会对周围的物体产生影响，这里做了点光晕。

07 Maya 里面的效果。

08 换个视图查看。

09 最后在 UV 空闲的地方，弄点空间整理出自发光。

10 在轮胎上也弄点自发光呼应一下。

自此摩托车的整个过程就算完成了，从模型开始到贴图结束，我们来整理一下整个流程和需要注意的地方。

1. 模型阶段

（1）刚开始搭建模型的时候，尽量用简单的多边形搭建大形，这样做的好处是：第一：不用考虑太多细节，可以在最短的时间内完成大形；第二方便修改，因为面数少，模型简单，所以修改起来快，没有太复杂的线。

（2）中模搭建完之后要记得备份模型，后期要用到中模。备份好模型之后，我们就在中模的基础上来完成高模，不断增加细节，加保护线。这部分基本都是体力活，只有细心才能出好的效果。再就是合理布线，能剩的尽量剩，面数很吃资源，不要让后期软件崩溃。

（3）高模完成之后就是做低模，这时候可以用前期的中模来修改，如果前期中模质量好，后期没有大的改动，我们要做的只是合理的布线。

2. 烘焙阶段

（1）高低模型确定之后，烘焙的时候一定要注意匹配问题，尤其是边缘，法线的问题多出在边缘上。再就是设置软硬边、UV 断开等一系列问题，不要注意细节转法线。

（2）烘焙 AO，插件很多，AO 就是一张光影关系，画 2048 的贴图烘焙 512 的 AO 也够用，烘焙的 AO 也就是确定个大的关系，更多的细节还得后期去处理。

3. 贴图阶段

（1）颜色贴图（Diffuse Map）

- 首先底色就是物体的固有颜色，有些物件可能经过风吹雨淋日晒得很旧，不过我们铺底色的时候要铺物体固有的颜色，成色很新。
- 黑白关系用来加强物体体积，让其看起来更厚重，气氛更浓一些。
- 基础纹理要铺清晰的纹理，不要太多，太多了相互之间就会影响。
- 深色脏迹通常在不容易磕碰的地方，可以稍微偏暖一些；浅色脏迹，比如流迹、划痕等就硬一些、偏冷一些。

（2）高光贴图（Specular Map）

- 物体的所有物理属性（是否反光，什么材质的）都是在用这个图层去控制，所以不能简单地去处理。把前期颜色贴图的所有图层复制一层出来，然后一层一层去处理。
- 哪怕是简单的物体做高光的时候也要拉出几个层次关系来。

（3）法线贴图（Normal Map）

法线贴图是前期烘焙好的，后期还要去转很多细节。包括标志、基础纹理、流迹、划痕、掉漆等等。转的时候还是要注意层次关系。

第 14 章 （场景）水乡老宅

场景完成效果图

游戏场景由游戏中的环境、建筑、机械、道具等多种元素构成。游戏场景通常可以理解为根据策划的要求还原出游戏中的建筑物、树木、天空、道路等。游戏场景制作是一个综合的设计、制作过程，不仅需要扎实的美术功底，而且要有很强的团队配合意识，角色也许可以单独完成，而要让一个人去完成一部次世代游戏的场景制作那几乎是不可能的事情。这其中包括关卡设计、碰撞体等多种元素，需要多人多个部门的紧密配合。

下面讲解的案例也只是冰山一角，一个简单的小场景，包括：

- 前期准备阶段
- 制作模型阶段
- 制作贴图阶段

14.1 前期准备阶段 《

首先确定风格，次世代游戏还是以欧美风居多，这里还是确定了要做一个具有中国风格的东西。

前几天看美国电影里面一块两百年前的木板上刻点东西，他们当宝一样护着，生怕弄坏了。当时我就想，在中国，200 年历史的木头，估计好多就当烧火棍了。当确定要做一个"青砖小瓦马头墙，回廊挂落花格窗"的典型南方徽派建筑的时候，对于一个在黄土地长大的北方汉子只能去百度了。虽说走过的地方也不少，见过的也多，不过我知道要做好东西这些阅历远远不够。

举个最简单的例子：马头墙只有在江南古镇出现，古代农村还是以实用为主，不是简单为了好看，只有当你了解了一定的知识之后，做起东西来才不至于出笑话。可以想象如果你不理解背景和文化，很难做出好东西来。不管是图片还是文字，你能做的就是前期吸收尽可能多的东西。

其次就是确定参考图，主参考图只有一张，而一张参考图是不够的，不管是细节还是整体。作为一个游戏美工，还要有足够的艺术素养来拆分组合这些元素，要保证完成的画面有足够的吸引力。

这些就是前期找的一些参考图，涉及的东西也很广泛。参考图基本分类：

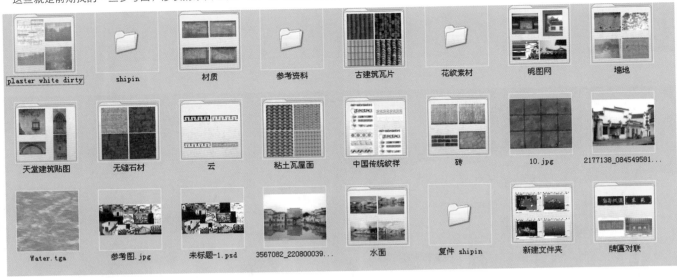

- 整个徽派建筑的图片，还有一些施工图。
- 中国瓦片的纹样，用来处理后期细节。
- 为后期贴图准备的一些墙面材质、屋顶瓦片的材质、贴图参考等。
- 在网上搜集徽派建筑照片，这部分资源还是很广泛的，搜集的时候也要有针对性，比如先找整体的大参考图，然后去找屋檐、房顶、屋门等一些细节参考。

在建筑网站找到一些施工图，这些图片是模型阶段很好的比例参考。还有各种瓦当的纹样参考。

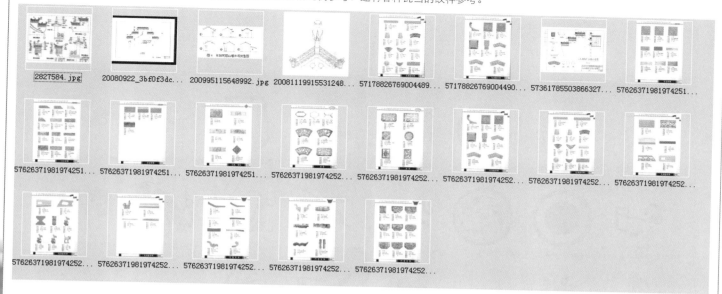

建筑墙面的贴图参考。

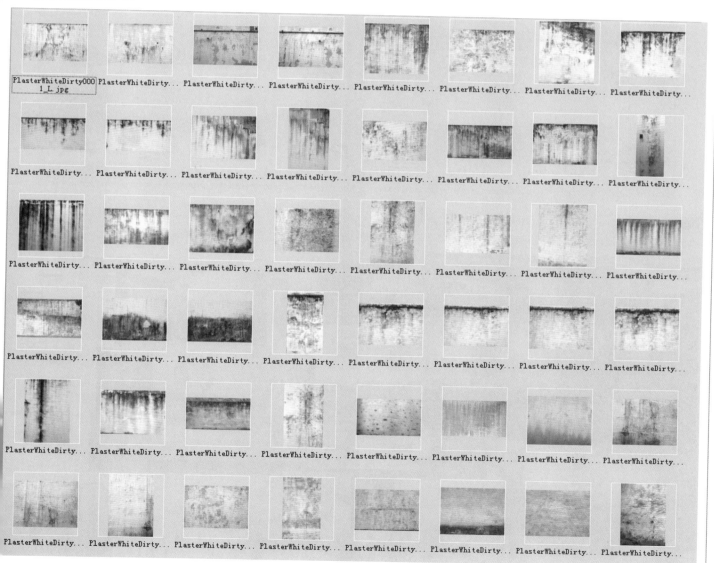

中国传统纹样。前期搜集的东西很广很杂，不过有总比没有强吧！有时候感觉很重要。

最后整理的一张参考图，中间是确定要做的大型，其他都是细节参考。右上角是一些施工图，可以很好地当做三视图来用。

01 从 BOX 开始搭建物体的模型。

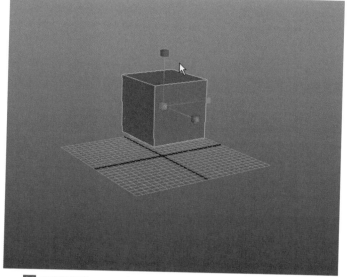

02 从感觉出发，不用考虑太多的细节。

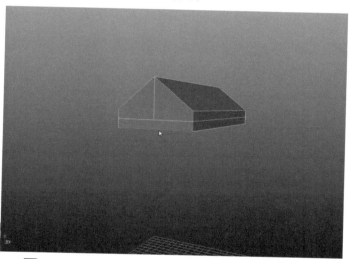

03 按照参考图做出层叠的效果。

04 在上面添加瓦片，从最基本的圆柱开始。

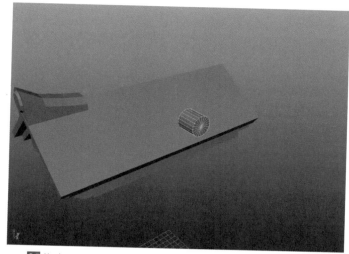

05 修改段数，确定瓦片的形状，考虑到瓦片的数量，这时就得控制住瓦片的段数。

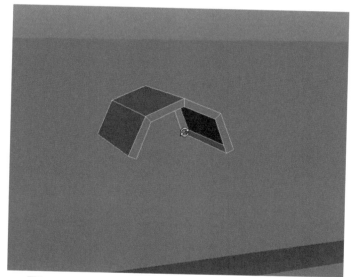

06 确定大型，复制一组，调节距离。

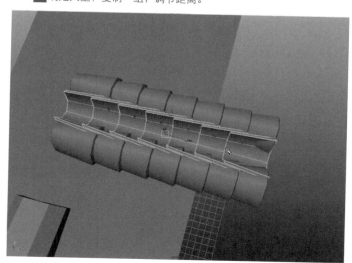

07 匹配墙面的斜度。

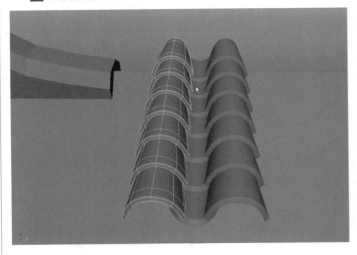

10 最后一块瓦。

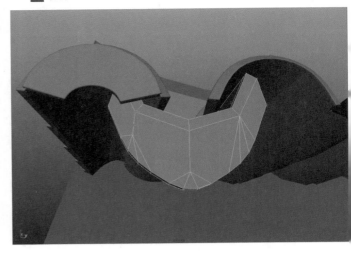

08 这时候最好在侧视图去调节，要学会灵活应用三视图。

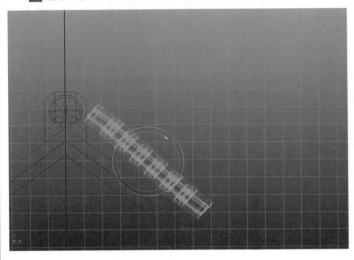

11 调节出瓦片的大概形状。

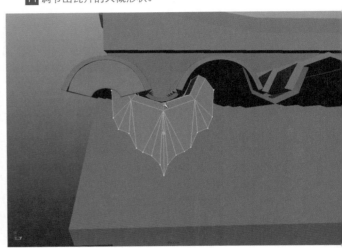

09 瓦片的大概样子。

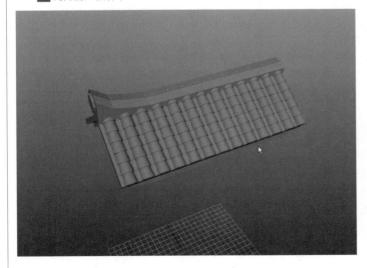

12 细化模型细节。

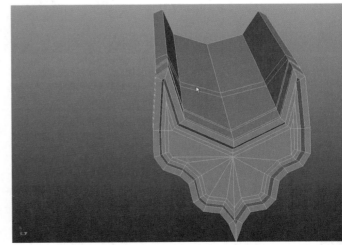

13 光滑之后的样子。

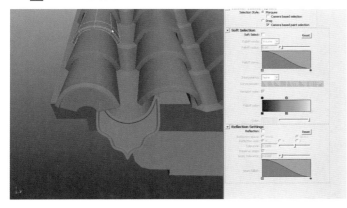

14 检查没问题之后，复制出一组。

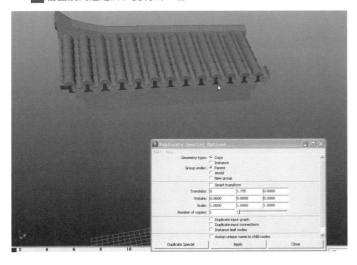

15 正常布线和光滑后的区别。

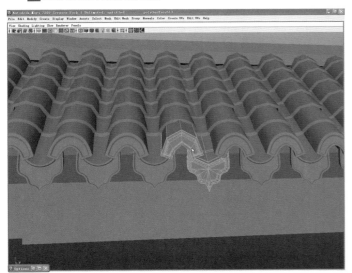

16 制作翘屋檐。在侧视图里拉出大型。拉的时候注意布线和点的走向。

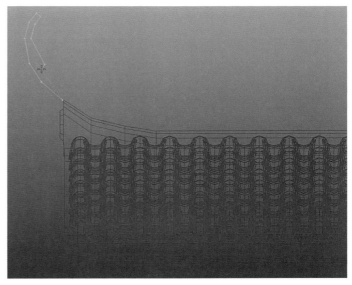

17 用 CV 曲线制作屋檐上的一排瓦片。

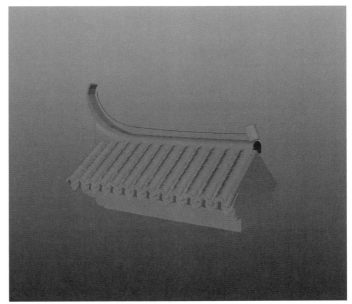

18 配合插件。

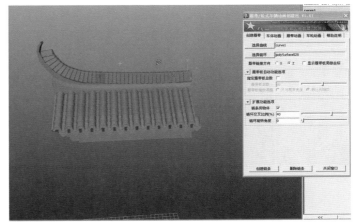

19 调整 CV 曲线的弧度来控制瓦片的形状。

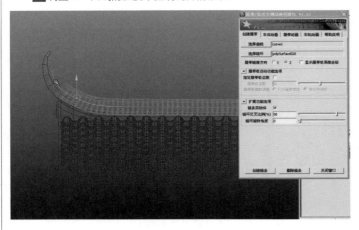

20 在有三视图的情况下,利用三视图,不但对形体把握会更准确一些,而且可以节省时间。

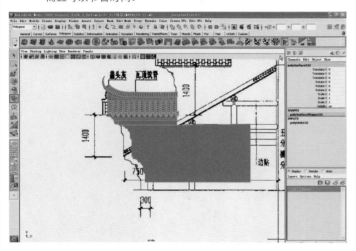

21 大概形状就出来了。

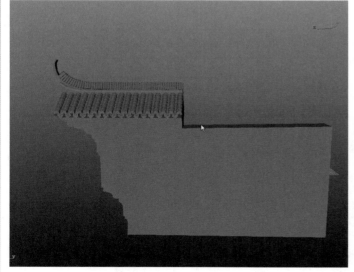

22 复制模型,做一个"三叠式"的马头墙。

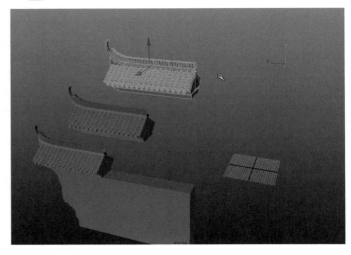

23 左右对称地复制出来,查看一下大型是否有问题。

24 给一个仰视的角度,看看是否宏伟。

25 马头墙做好之后，开始下一个元素的塑造，就是建筑门头。同样还是先做瓦片，复制旋转，删除无用的，然后做衔接。

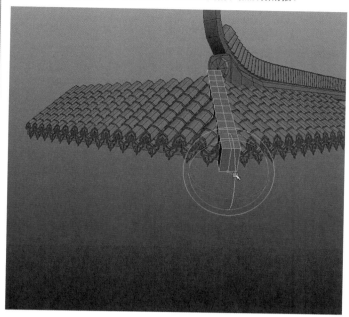

26 制作前沿瓦片这个小"望天吼"呢，我只做了一个剪影效果，因为我们做的整个大场景，所以对细节还是简化了。这些东西一般寓意就是尊贵、勇敢、防火防风防盗等吉祥寓意。

中国古建筑大都为土木结构，屋脊是由木材上覆盖瓦片构成。檐角最前端的瓦片因处于最前沿的位置，要承受上端整条垂脊的瓦片向下的一个"推力"，如毫无保护措施易被大风吹落。因此，便用瓦钉来固定住檐角最前端的瓦片。在对钉帽的美化过程中逐渐形成了各种动物形象，在实用功能之外进一步被赋予了装饰和标示等级的作用，根据建筑规模和等级不同而数目有所不同，一般都是一、三、五、七、九等单数，北京故宫的太和殿用到了十个。

27 旋转角度，察看效果。

28 编辑更多的基础元素。

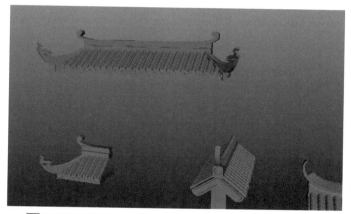

29 做好最基本的几个元素。

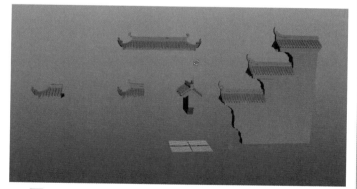

30 制作屋檐。做模型的时候还是从最基本的 BOX 开始。

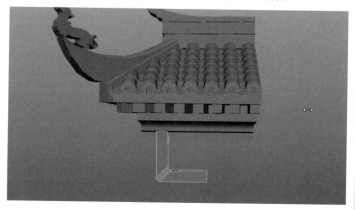

31 调整内外弧度。

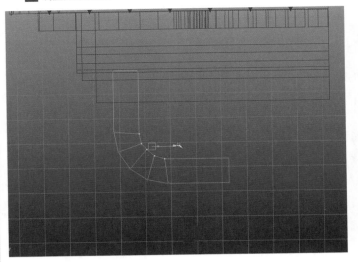

32 继续细化模型。

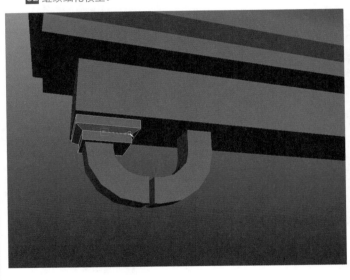

33 复制全部查看效果，有时候做一个是看不出问题的，只有把东西
全部复制出来，才能看出哪儿有问题。

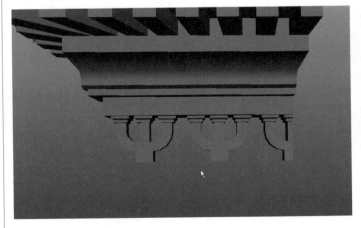

34 继续细化。

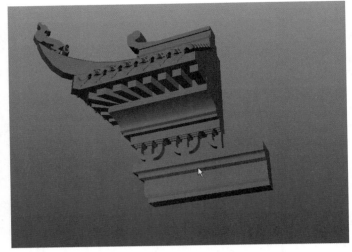

35 场景的基本元素搭建完之后，就开始堆积大的场景。

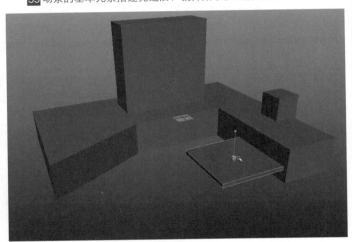

36 也从最简单的 BOX 开始。

37 把做好的东西往上摆。

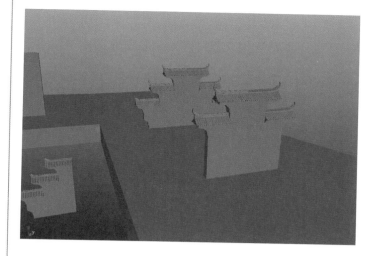

40 图中蓝色的 BOX 是刚拉出来的标准体，可以想象成一个标准人体，用这个来做参考控制房子、墙的比例。

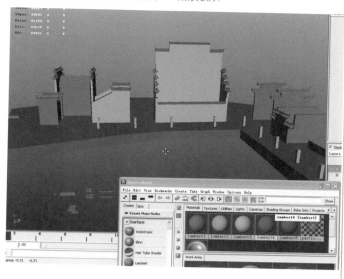

38 一边堆积，一边调整大小。

41 把屋檐的低模做出来。

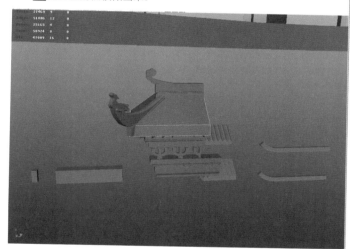

39 注意大型的高低错落。

42 复制调整搭建模型。

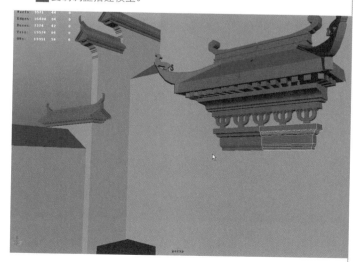

43 给屋檐和墙面上颜色。

44 调整大小，高低错落，前面放一个池塘。

45 记得备份一份基本元素。

46 前期做模型的时候不用考虑太多，包括布线、穿插等的，等模型搭建基本 OK 之后再去调整模型的布线。

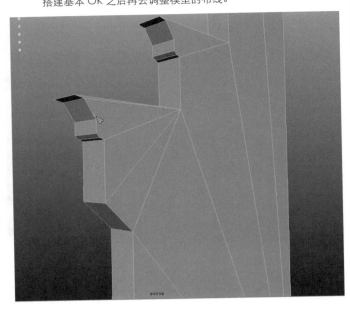

47 为了方便后期处理，在处理模型的同时可以分组，把不同类型的元素放到不同的组里面。

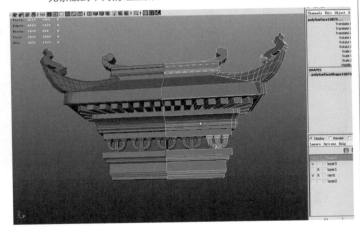

48 调整墙体布线。

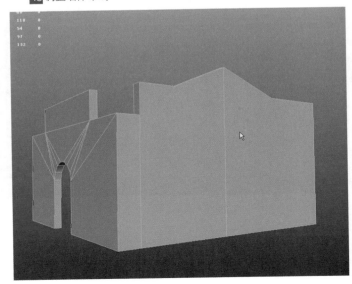

49 前期为了方便布线，好多都是循环线，后期都要处理掉，这只是一个流程问题。

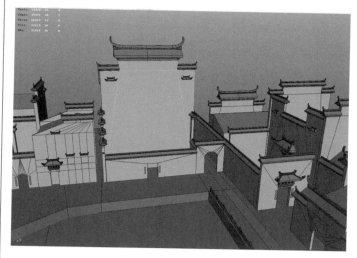

50 制作最后一小块建筑，这些建筑依水而建，布线调整完之后组合在一起，整体旋转角度。

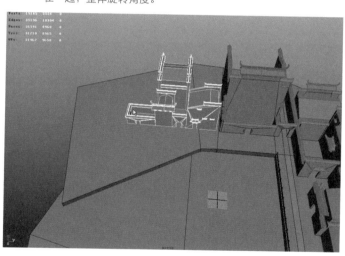

51 旋转过来之后整体造型。

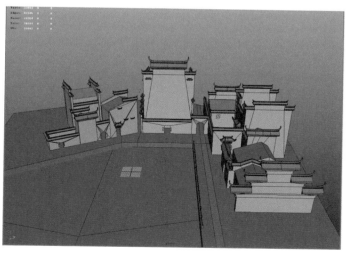

52 用线框模式，查看模型是否有问题。

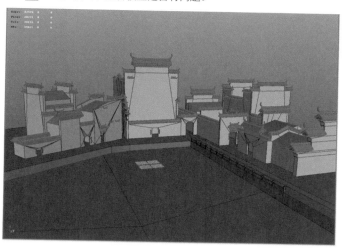

53 去除线框，从各个角度看造型是否美观。

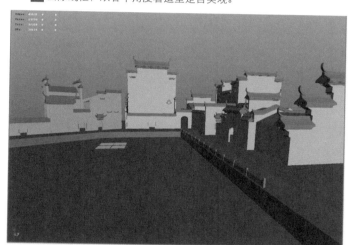

54 导出模型素模图看看效果。

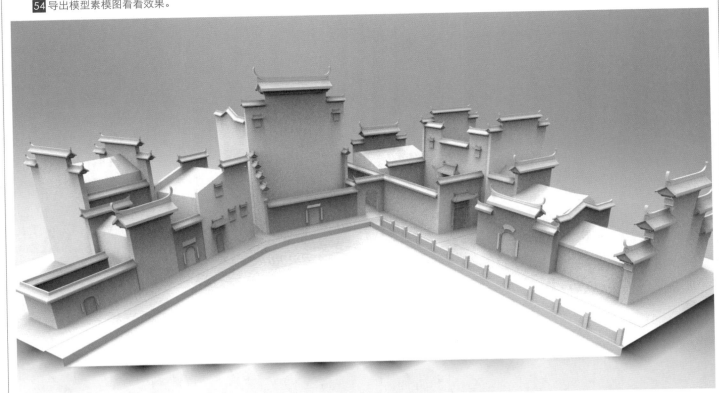

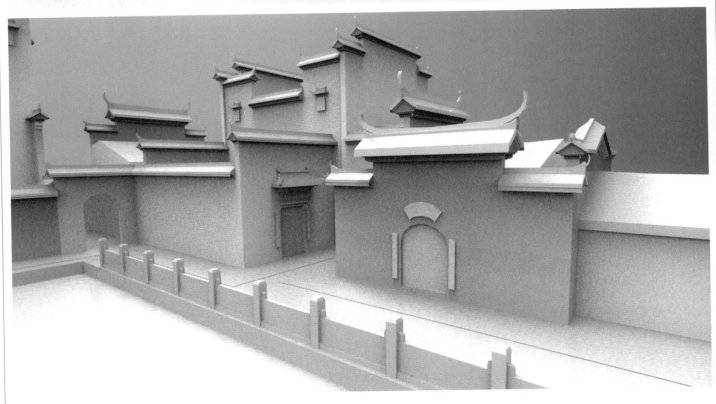

14.3　制作贴图阶段 《《

01 此场景基本没做高模，只有屋檐一块。匹配高低模，分 UV 准备烘图。

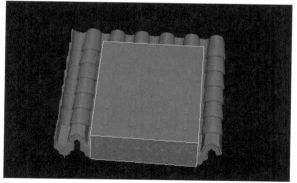

02 烘培出的法线效果。

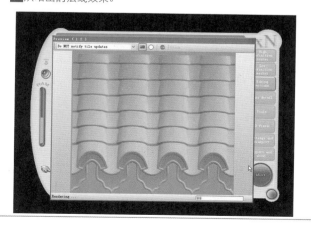

03 法线加 AO 效果。

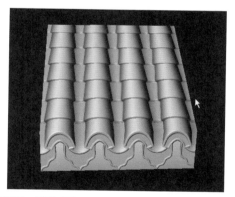

04 共用贴图，调整 UV。

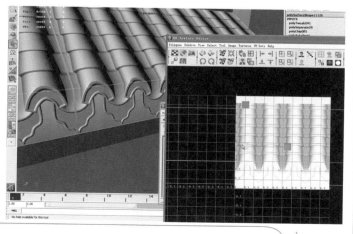

05 在 Photoshop 中修改贴图。

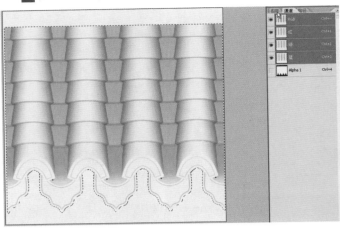

06 二方连续，调整 UV。

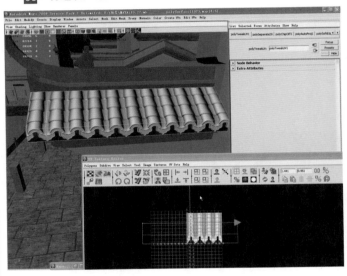

07 铺底色，屋檐 Normal 加 Color 贴图的效果。

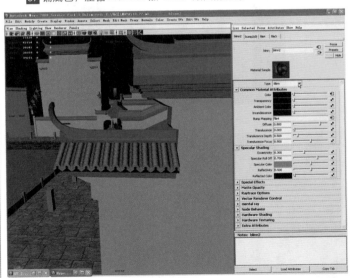

08 对主要的几面墙分 UV。

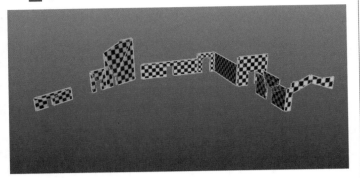

09 调整 UV 格子大小。

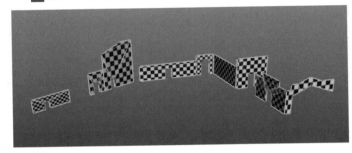

10 匹配 UV 格子。

11 在 Photoshop 画贴图，在处理贴图的时候，场景贴图一般为了节省资源会很大程度地共用贴图。做贴图的时候就要考虑到二方连续和四方连续的贴图。

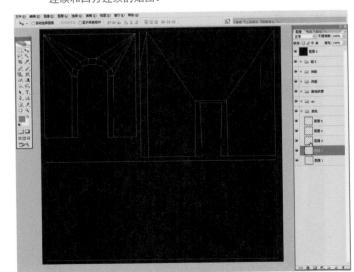

12 基础纹理。

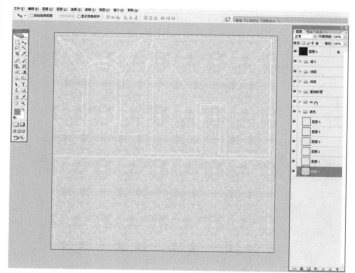

13 AO 正片叠底。

14 贴到模型察看效果。

15 另一张贴图。

16 Photoshop 叠加流迹。

17 处理细节，加点涂鸦。

18 回到 Maya 中察看模型的效果。

19 Photoshop 处理墙壁下面部分，加墙皮脱落效果。

20 墙皮脱落，露出青砖。

21 调整青砖的清晰度、色相、对比。

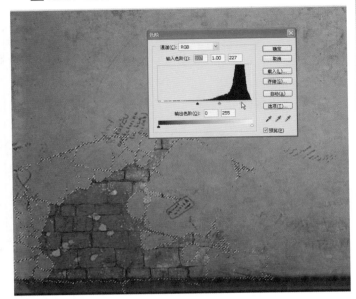

22 添加局部墙皮脱落露出青砖效果。

23 在 Photoshop 里面的大效果。

24 在 Maya 里的一个显示效果。

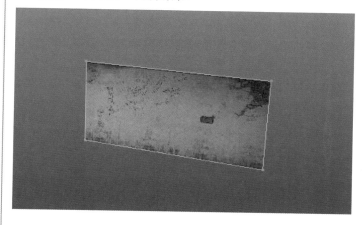

25 用 Photoshop 处理另一面墙，用不同的材质处理出不同效果。

26 在 Maya 里面查看效果。

27 添加细节裂痕。

28 注意裂痕的位置、大小是否合理。

29 墙的转角是最易出现一些破损的，和前面提到的墙皮脱落在形状上要有所区别。

30 在 Maya 里面查看效果。

31 在 Photoshop 里添加其他细节，丰富墙面。

32 叠加一层整体脏迹。

33 在 Maya 里面查看效果。

34 用同样的方法处理其他墙面。

35 同样的材质，同样的处理手法，要处理出来不同的效果，不但彼此要能融在一起，而且要有不同的细节。

36 在 Maya 中还要时不时拉远，查看大效果。

37 加上破损材质。这些素材在制作之前就应该准备好，在做的过程中也可以去找一些。不过个人建议最好先找好，趁感觉在的时候一气呵成。

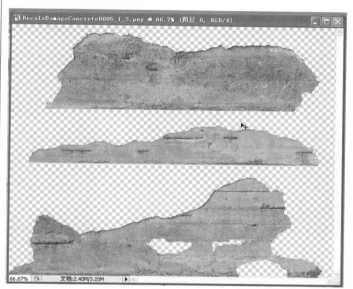

38 边做边在 Maya 里面查看效果，不要只顾着闷头做。

39 找到一张理想的材质，不要幻想叠加或者放在上面就可以了，一定要学会去处理材质，让你需要的那种效果最大化。

40 在 Maya 里面的效果。

41 Photoshop 中拖进整张贴图。

42 留下需要的，其余的擦掉。贴图不是一次就能处理好的，要不断调整。

43 在 Maya 里面的显示效果。

44 找到一张合适的材质，调整的时候最好整体放大或者缩小，这样可以尽可能地减少像素损失。

45 到 Photoshop 中，在合理的位置，添加合理的破损细节。

46 找到合适的材质。

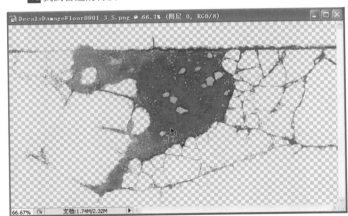

47 放在合适的地方。

48 在 Maya 里面查看效果。

49 学会处理材质，找到自己想要的材质，抠出上面需要的细节。

50 把抠出的细节放在合理的位置。

51 把刚加的材质融合到整个贴图里，不要让其跳出来。

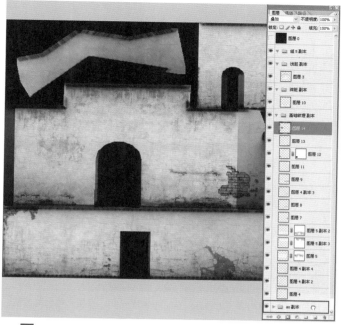

52 在 Maya 里面不断观察。

53 找张二方连续的合适纹样，处理屋檐下的部分。

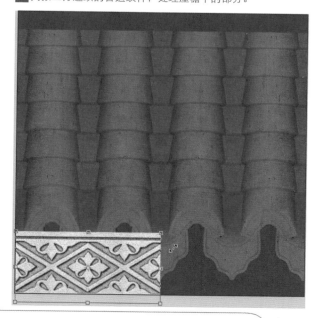

54 放到后面，给人一种有两个层次的感觉。

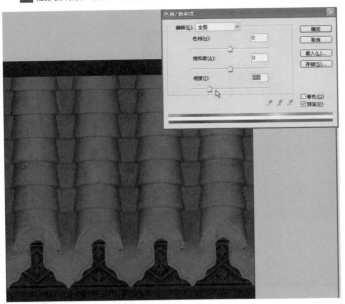

55 处理一下明暗，上面深一些，下面浅一些，增加体积光影关系。

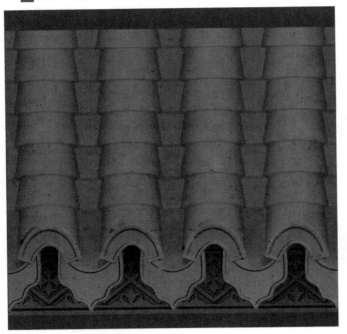

56 Maya 中效果。

57 Photoshop 中处理墙皮脱落之后的墙砖细节。

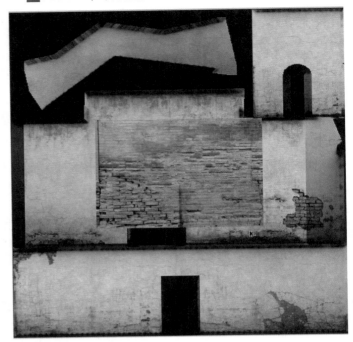

58 破损的地方也可以多做几层细节。

59 处理池塘边的细节，为了节省资源也用二方连续的贴图。

60 Maya 中看效果。

61 池塘边的护栏。

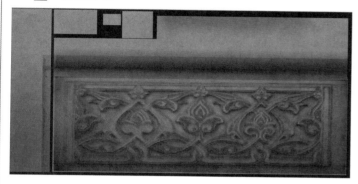

62 Maya 里面的效果。

63 进入 Photoshop，在涂鸦的地方添加被粉刷过的白色涂料细节。

64 在其他地方也添加一些，这样看起来才合理。

65 添加一些泥土。

66 Maya 里面的显示效果。

67 调整需要共用的墙体，协调每一块的 UV。

68 用 UV 匹配贴图。

细节转 Normal 时，因为好多地方没必要去做高模，好多细节都需要用材质去转。

69 Specular Color 制作贴图。

做建筑高光贴图的时候，注意建筑一般都是泥土、混凝土、砖等反光都不是很强的材质，要把高光处理在一个比较暗的色调里面，还要注意层次关系。

70 准备 Color 图层的需要转法线的图层。

71 门牌转完的法线。细节转法线的时候可以用同一张贴图材质多转几层效果，然后叠加一起，比如一层转深度，一层转边缘的细节，然后结合在一起。

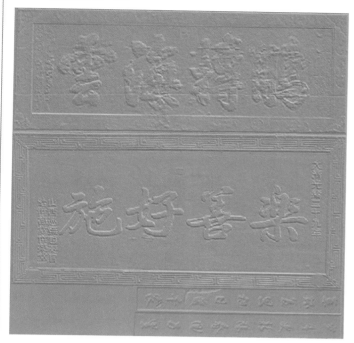

72 调整木头的高光贴图，处理材质或处理黑白。

73 转细节的时候最好分好层，层太多转起来麻烦，层太少转出的缺少细节。

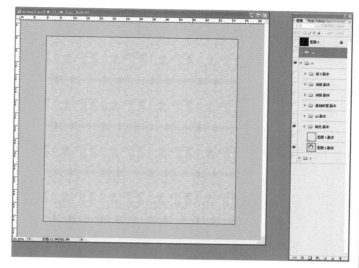

74 绘制墙面的纹理。基础纹理一般情况下都要转一下，转的时候注意不要太过了，因为这层上面还有其他纹理。

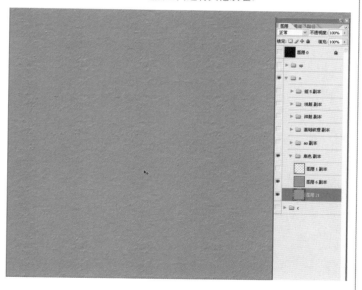

75 绘制墙皮脱落的纹理，转这层的时候要控制好深度。

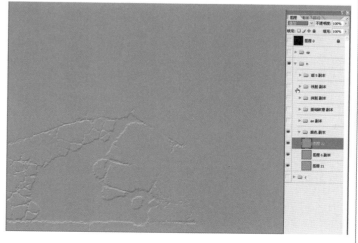

76 腐蚀的纹理。

77 墙面泥土，刷的白涂料等纹理。

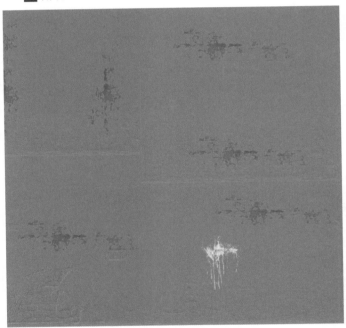

78 转完的凹凸效果，最后叠加在完整的 Normal 上面，注意处理蓝通道。

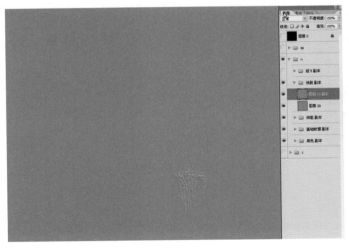

79 处理完所有细节之后，把这些细节合并到一张 Normal 上。

80 高光贴图是表现物体质感必不可少的一部分，它是体现物体是金属还是皮革或者木头等材质属性的。在处理高光的时候，我习惯把贴图全部复制，然后一层一层去调整，这样可控制的细节就会多一些。因为墙面反光较弱，所以处理高光的时候它整体处于一个暗色调里面。先处理底色，因为墙面是白色，而处理高光的时候和颜色贴图的明度是不相干的，墙面的高光在明度上会暗很多。

81 不管是画颜色贴图，还是处理高光贴图，要注意明暗灰的层次关系。墙面总体处于一个较暗的层次里面。首先处理墙面的腐蚀、剥落效果，这些地方都是不反光的，所以会调整得比较暗。

83 最后完成的高光贴图效果。墙面的涂料会处于一个灰度里面，而流迹、腐蚀、剥落、泥迹等都在一个比较暗的层次里面。一般反光的地方会新一些，而这些地方刚好处于墙面的中间部分，因为上面有流迹，下面有腐蚀、剥落，所以墙面的反光较强的（也是墙面较新的）地方就是墙面的中间部分。

82 处理涂鸦、裂缝等细节。如果是涂鸦是油漆的，那它就会比墙面的涂料亮一些，当然还要时间久远，如果是过了很长时间，那它的反光就不一定会比墙面强，反而会弱一些。

14.4 小 结 《

自此一个游戏场景的整个过程就完成了，从模型开始到贴图结束。我们来整理一下整个流程和需要注意的地方。

1. 模型阶段

场景不比其他东西，因为它包括的东西太多了，刚开始做的时候有种"老虎吃天无从下口"的感觉。等你慢慢整理出条理的时候就会发现这些东西还是有共性的，最基本元素有：青砖、瓦片、马头墙、回廊、花格窗等。你需要做的就是先做基本元素，然后用基本元素去拼一个场景出来。

有些模型因为贴图原因或者其他原因，是否做高模要看自己的打算，我在做这个场景的时候马头墙的瓦片是做了高模的，其他都没有做，主要原因就是找不到马头墙上瓦片的衔接的匹配贴图。

做这个场景最难的一点就是要把握徽派建筑村落的魅力，要知道这些被誉为"画中的村庄"。徽派民居，高大封闭的墙体，因为马头墙设计而显得错落有致，静止、呆板的墙体，因为有了马头墙，从而显出一种动态的美感。而从高处往下看，聚族而居的村落中，高低起伏的马头墙，给人产生一种"万马奔腾"的动感，也隐喻着整个宗族生气勃勃，兴旺发达。

2. 烘焙阶段

- 场景不同于其他道具（角色、机械等），场景的法线最后都是靠贴图去转，高模并不多，所以烘培的地方也不是很多。

3. 贴图阶段

- 颜色贴图（Diffuse Map）

做贴图的时候首先需要把握一种意境，"青砖小瓦马头墙，回廊挂落花格窗"。基本的颜色就是白墙、黑瓦、青砖、红对联。把这些元素组合在一起就是一副中国典型的水墨画。

其次就是贴图基本功，墙面从下往上的腐蚀效果，从上往下的流迹。剥落的墙面，露出的青砖，上面的裂缝，泥土的痕迹，新旧的对比。再就是二方连续和四方连续贴图的处理了。

- 高光贴图（Specular Map）

高光贴图处理起来很快，但是这张贴图是最出效果的一张，因为它是控制所有元素属性的贴图。高光处理好了，可以更好地表现金属、皮革、泥土等元素的属性。因为此场景基本都是泥土、砖瓦，反光不是很强，所以此场景的高光都处于一个比较暗的色调里面。

- 法线贴图（Normal Map）

前面已经说过，场景的法线基本都是后期靠插件来转的。

转的时候大的规律就是注意层次关系，该深的深、该浅的浅。切不可全部很平均，就跟画贴图要注意明、暗、灰的层次关系一样。